"十四五"职业教育国家规划教材

U0224756

化妆造型设计

（第二版）

主编　茅旭东　高震云

中国教育出版传媒集团

高等教育出版社·北京

内容提要

本书是"十四五"职业教育国家规划教材,以立德树人、坚定文化自信、落实素质教育为指导思想,面向市场、服务发展,依据教育部《中等职业学校美容美体(艺术)专业教学标准》,在第一版的基础上修订而成。

本书共有 4 个单元,即日常妆化妆造型设计、实用婚礼妆化妆造型设计、摄影妆化妆造型设计和比赛妆化妆造型设计,内容包括职业妆、休闲妆、社交晚宴妆、婚纱新娘妆、中式新娘妆、礼服新娘妆、证件照摄影妆、艺术照摄影妆、婚纱摄影妆、化妆造型比赛新娘妆、比赛晚宴妆 11 个学习任务。学习难度层层递进,通过精美的图片、清晰的步骤和翔实的文字,向学生展示了化妆造型的基础知识、操作方法和创作思路,帮助学生系统地学习化妆造型知识和技能。同时,编者结合多年参加全国职业院校(美发与形象设计)技能大赛的经验,精心提炼出比赛新娘妆和比赛晚宴妆的参赛经验,与师生分享。

本书配有 Abook 网络教育资源,获取方式参见书后"郑重声明"。本书附有操作视频二维码,扫描即可学习。

本书可作为中等职业学校美容美体艺术、美发与形象设计专业学生教材,也可作为化妆造型培训机构的培训教材。

图书在版编目(CIP)数据

化妆造型设计 / 茅旭东,高震云主编. -- 2版. -- 北京 : 高等教育出版社,2021.11(2024.9重印)

ISBN 978-7-04-057507-1

Ⅰ. ①化… Ⅱ. ①茅… ②高… Ⅲ. ①化妆-造型设计-中等专业学校-教材 Ⅳ. ①TS974.12

中国版本图书馆CIP数据核字(2021)第259793号

Huazhuang Zaoxing Sheji

策划编辑	刘惠军	责任编辑	刘惠军	封面设计	于 博	版式设计 张 杰
插图绘制	杨伟露	责任校对	刘娟娟	责任印制	赵 佳	

出版发行	高等教育出版社	网 址	http://www.hep.edu.cn
社 址	北京市西城区德外大街 4 号		http://www.hep.com.cn
邮政编码	100120	网上订购	http://www.hepmall.com.cn
印 刷	天津市银博印刷集团有限公司		http://www.hepmall.com
开 本	889 mm×1194 mm 1/16		http://www.hepmall.cn
印 张	10.75	版 次	2017 年 8 月第 1 版
字 数	210 千字		2021 年 11 月第 2 版
购书热线	010-58581118	印 次	2024 年 9 月第 5 次印刷
咨询电话	400-810-0598	定 价	38.00 元

第二版前言

本书为"十四五"职业教育国家规划教材，依据教育部《中等职业学校美容美体（艺术）专业教学标准》，在第一版的基础上修订而成。

化妆造型是人民展示美、向往美好生活的重要途径，也是造型师必须具备的专业技能。

教材编写以经济快速发展和人民群众更高的精神文化需求为现实背景，坚持立德树人，落实素质教育。吸引企业优秀人才参与教材编写，深度结合产教融合、校企合作，突出职业教育类型定位。

本书结合中等职业学校美容美体艺术、美发与形象设计专业学生的特点，依据形象设计工作岗位要求和基本的化妆造型工作流程，选择形象设计典型工作任务为载体，依据技能操作难度，把学生上岗前必须具备的化妆造型专业技能和专业知识，由简到繁、由易到难分成日常妆化妆造型设计、实用婚礼妆化妆造型设计、摄影妆化妆造型设计、比赛妆化妆造型设计4个单元。精心选择了职业妆、休闲妆、社交晚宴妆、婚纱新娘妆、中式新娘妆、礼服新娘妆、证件照摄影妆、艺术照摄影妆、婚纱摄影妆、比赛新娘妆、比赛晚宴妆化妆造型作为学习任务。

本书把化妆造型的基础知识以"注释"的形式系统地融入每个工作流程中，将化妆理论知识与实际工作有机结合起来，并通过知识链接提供了更多的理论知识材料，丰富了知识性内容，为学生提供了更为广阔的学习空间。全书通过精美的图片、清晰的步骤和翔实的文字，展示了化妆造型的基础知识、操作方法和创作思路，帮助学生由浅入深、全面系统地学习化妆造型知识和技能，使学生在掌握化妆造型技能的同时，熟悉工作流程，明确操作质量标准和规范服务标准。

此外，编者结合多年参加全国职业院校技能大赛的经验，精心提炼出比赛新娘妆和比赛晚宴妆的参赛经验，与学生分享，希望能够帮助学生在备赛中有的放矢。

本书建议学时数为144学时，具体安排见下表（供参考）：

单元	内容	学时
一	日常妆化妆造型设计	36
二	实用婚礼妆化妆造型设计	38
三	摄影妆化妆造型设计	42
四	比赛妆化妆造型设计	28
合计		144

本书由茅旭东、高震云任主编，耿怡、马赵瑾任副主编，范丽鹏、刘良春、孙慧鸣、刘辰薇、刘梦莲、湛福珍、杨宗鸽参与了本书的编写，张笛、齐佳佳担任本书插图照片的模特，卢娟为本书拍摄了图片。

由于化妆是一项综合性的工作，涉及的知识面广，加之编者水平有限，书稿中难免有不当之处，敬请师生批评指正。如有反馈意见，请发邮件至zz_dzyj@pub.hep.cn。

编者

第一版前言

本书为"十二五"职业教育美容美体专业国家规划立项教材，依据教育部《中等职业学校美容美体专业课程标准》编写。

化妆造型是美化生活、展示个性美的重要途径，也是造型师必须具备的专业技能。我们依据以工作过程为导向的课程改革理念，根据企业化妆岗位要求和学生认知特点，为强化实训环节，在课改专家和企业专家的共同指导下，针对中等职业学校美容美体、美发与形象设计专业学生的认知规律编写了本书。

本书结合中等职业学校美容美体、美发与形象设计专业学生的特点，依据形象设计工作室岗位要求和基本的化妆造型工作流程，选择形象设计工作室典型工作任务为载体，依据技能操作难度，把学生上岗前必须具备的化妆造型专业技能和专业知识，由简到繁、由易到难分成日妆化妆造型设计、实用化妆造型设计、摄影化妆造型设计和比赛化妆造型设计四个单元。精心选择了职业妆、休闲妆、实用新娘妆、社交晚宴妆、摄影新娘妆、摄影晚宴妆等内容作为学习任务。

本书把化妆造型的基础知识以"注释"的形式系统地融入每个工作流程中，将化妆理论知识与实际工作有机结合起来，并通过知识链接提供了更多的理论知识材料，丰富了知识性内容，为学生提供了更为广阔的学习空间。全书通过精美的图片、清晰的步骤和翔实的文字，展示了化妆造型的基础知识、操作方法和创作思路，帮助学生由浅入深、全面系统地学习化妆造型知识和技能，使学生在掌握化妆造型技能的同时，熟悉工作流程，明确操作质量标准和规范服务标准。

此外，作者结合多年参加全国职业院校（美发与形象设计）技能大赛的经验，精心提炼出比赛新娘妆和比赛晚宴妆的参赛经验，与学生分享，希望能够帮助学生在备赛中有的放矢。

本书建议学时数为144学时，具体安排见下表（供参考）：

化妆造型设计

单元	内容	学时
一	日妆化妆造型设计	36
二	实用化妆造型设计	38
三	摄影化妆造型设计	42
四	比赛化妆造型设计	28

本书由高震云任主编，耿怡、高雁任副主编，范丽鹏、刘良春、孙慧鸣、刘辰薇等参与了本书的编写，张笛担任本书的插图照片拍摄模特，宋洋为本书拍摄了图片。

　　由于化妆是一项综合性的工作，涉及的知识面广，作者水平有限，难免有错误和不当之处，敬请师生批评指正。如有反馈意见，请发邮件至zz_dzyj@pub.hep.cn。

编者

2016年9月

目　录

单元一

日常妆化妆造型设计

[单元导读]

日常妆也称生活妆，分为生活淡妆和生活浓妆，主要对面部进行适当修饰，以达到与服装、环境等因素的和谐统一。日常妆用于一般的日常生活、工作、社交中，具有妆色清淡、简约自然的特点。根据不同的场景，大致可分为休闲妆、职业妆和社交晚宴妆三大类别。

本单元以大学生小王不同时期的需求为背景，为其分别进行休闲妆、职业妆和社交晚宴妆化妆造型设计。通过任务学习，学习化妆造型基本知识、日常化妆工作流程、服务规范、日常化妆面部五官的描画技巧。不断提高自身素养，培养造型师应具有的观察、分析、沟通等职业能力，具备妆面的设计能力，能为顾客提供日常妆操作的全过程服务。

[单元目标]

1. 知识目标

了解化妆造型设计的基本原则和日常化妆造型的特点。

2. 能力目标

能够根据日常妆化妆造型的特点制定设计方案，进行日常妆面设计；能够正确选择和使用日常化妆的用品、用具；能够根据工作流程，按照正确的操作步骤及操作姿态，完成日常妆化妆造型。

3. 素养目标

培养造型师应具备的规范的服务用语、得体的仪表、良好的工作姿态等职业素养，培养接待顾客并进行有效沟通的能力，具备良好的服务意识和卫生意识。

[工作流程]

服务规范→接待咨询→妆前准备工作→妆面五官修饰→发型设计→送顾客，整理服务区

任务一 职业妆化妆造型设计

[任务描述]

小王（图1-1）是一名即将毕业的大四学生，她在大学期间主修工商管理专业。5月中旬，学校举办招聘会，她准备去应聘行政助理一职。为了能够给面试官留下深刻的印象，成功竞聘，小王在精心准备了求职简历后，特意来到形象设计工作室，请专业造型师为她进行化妆，让我们来为她设计一款符合面试的妆容（图1-2）。

▲ 图1-1　　　　▲ 图1-2

[学习目标]

1. 知识目标

熟悉职业妆化妆造型基本流程，了解化妆设计基本要素和职业妆的特点。

2. 能力目标

能够根据职业妆的特点及顾客条件，制定化妆方案；能够正确选择和使用化妆用品用具，进行面部五官的描画，为顾客提供职业妆化妆造型服务。

3. 素养目标

培养造型师应具备的观察、分析及设计能力；运用规范的服务用语接待顾客并进行有效的沟通，具备良好的服务意识和卫生意识。

知识准备

一、化妆基础知识

（一）化妆造型设计的基本概念

化妆造型设计是指设计者对被设计者的整体把握，即将被设计者的个性、气质、脸型、肤色、发质、年龄、职业等诸多因素综合为一个整体来构思，运用造型艺术的手段，设计出符合被设计者身份、修养、职业及生活的形象，以得到公众及被设计者的认可和欣赏的过程。设计范围包括发式、化妆、服饰、仪态仪表、言谈举止等内容的设计。

（二）职业妆的色彩

职业妆色彩搭配冷静而清爽，眉毛宜有棱角，眼神要有神采，轮廓尽量突出，给人以鲜明的印象，恰到好处的职业妆必不可少，典雅而不高傲，时尚而不张扬，成为办公场所的一道风景线。选择的颜色都比较干净自然，可从色调方面去把握。职业妆常用工具与色彩见表1-1。

表1-1　职业妆常用工具与色彩

工具	色彩
眉笔	棕色
眼影	高光色：奶油白或柔丝缎。中间色：柠檬草。强调色：常春藤
眼线笔	深邃棕或橄榄绿
睫毛膏	棕色、黑色
腮红	金色阳光
唇膏	太妃红或玛瑙贝
唇彩	晶摩卡或粉水晶

二、职业妆的特点

职业妆适用于工作或与工作相关的社交环境。职业妆原则上要淡雅、含蓄，如有工作或活动场合的需要也可适当亮丽，但不宜浓妆艳抹。职业妆应表现出职业女性理智成熟与干练精神的气质，妆型与妆色协调一致，效果自然生动，符合工作环境与职业特征。

任务实施

一、服务规范

（一）女性造型师形象要求
1．仪表要求（着装）
着装要得体大方，以方便工作为准则，服装要干净，不可有异味和污渍，其颜色以清新淡雅为好（图1-3）。

2．仪容要求（化妆、发型）

化妆要清新、自然、柔和、健康。发型整洁美观，不要出现任何过长、过于凌乱的发型，否则会妨碍视线，影响化妆工作。

3．卫生要求

保持手部的清洁，指甲不可又尖又长，不涂抹指甲油（图1-4）。保持口腔清洁，切忌出现口腔异味，工作中避免把呼出的气喷在顾客脸上。

 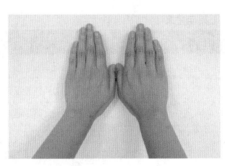

▲ 图1-3　　　　　　　　　▲ 图1-4

（二）语言要求

（1）语音清晰，语调柔和舒缓，语速适中。

（2）热情，态度诚恳，使用专业用语。

（三）操作要求

（1）造型师的站姿：良好的站姿是造型师必备的基本功。造型师在化妆时应站在顾客的右侧，不能将手放在顾客的头部、肩部，不能将身体靠在顾客的身上，以免使顾客有不适的感觉。

（2）物品码放整齐有序，注意工具的消毒，随时保证工作区的干净整洁。

（3）随时关注顾客的感受，注意沟通。

二、接待顾客，填写设计方案

造型师从接待人员处将顾客引领到化妆区域，与顾客沟通交流，了解顾客的意愿

（图1-5～图1-7）。根据顾客的自身条件，造型师通过对顾客面部特征的观察，为顾客提供设计方案，与顾客进行沟通并得到确认。

▲ 图1-5

▲ 图1-6

▲ 图1-7

（一）接待服务

1．初次见面

造型师与顾客初次见面首先应自我介绍，如"您好！我是造型师某某，很高兴为您服务……"

2．询问

询问顾客需求，如"请问您要参加什么活动？"或"您要出席什么场合？"在询问中，了解顾客需求，确定妆面类型。

3．交谈

交谈时，语气要委婉柔和，语调要轻柔舒缓。声音要圆润、自然、悦耳，音量适中，语速适度，用普通话，不能过急或过缓，以增强感染力。需要顾客等待时，造型师应及时给顾客提供杂志、饮料等，并说明自己将要做的工作，请顾客耐心等待。

（二）填写顾客档案

填写顾客档案及设计方案，见表1-2。

表1-2　顾客档案及设计方案

×××形象设计工作室顾客档案及设计方案

卡号：_____

感谢您对我们的信任和支持，能为您服务是我们的荣幸，您的满意是我们永远的追求！

姓名		性别		□女	□男	出生日期	
职业			月收入		□5 000元以下 □5 000~10 000元 □10 000~20 000元 □20 000元以上		
联系方式							
通信地址							
邮政编码				E-mail			
美容化妆史	您会化妆吗？　　　□是　　　□否						
	彩妆是您生活中不可缺少的一部分吗？　　　□是　　　□否						
	您使用过下列哪些彩妆用品？ □粉底　□眼影　□眉笔　□眼线笔　□睫毛膏　□唇妆产品　□腮红 其他：						
经常使用的彩妆品牌							
皮肤	皮肤类型：□干性 □油性 □混合性 □中性 □敏感性 肤色状况：□红润 □白嫩 □苍白 □偏黑 □偏黄 □黯淡 □面色不均匀 □有红血丝 皮肤问题：□松弛 □皱纹 □毛孔粗大 □色斑 □粉刺 □黑头 □暗疮 □有暗疮痕迹 □老化、角质过厚 其他：						
皮肤年龄：□比真实年龄小 □与真实年龄相符 □比真实年龄大							
过 敏 史：□有　以往过敏症状及缓解方法_____　　　□无							
身高				体重			
脸型与五官	脸型	□圆形脸 □方形脸 □长形脸 □正三角形脸 □倒三角形脸 □菱形脸					
	眼型	□上斜眼 □下斜眼 □肥厚眼睑 □小眼睛 □细长眼 □单眼睑 □圆眼睛 □两眼间距窄 □两眼间距宽 □眉眼间距窄 □眉眼间距宽 □眼袋水肿					
	鼻型	□塌鼻梁 □鼻子过长 □鼻子过短 □鹰钩鼻 □翘鼻 □尖形鼻 □蒜形鼻					
	眉型	□向心眉 □离心眉 □上斜眉 □下挂眉 □杂乱粗宽眉					
	唇型	□嘴唇厚 □嘴唇薄 □嘴角下垂 □鼓突唇 □唇型大 □唇型小 □平直唇					
	脸型与五官的比例	□大脸型 □小脸型					
头发	发量：						
	发色：						
妆面要求	场合：						
	季节：						
	服装：						
	其他：						
备注：							

三、化妆前的准备工作

（一）服务准备

用发带或发卡将顾客的头发固定好（图1-8、图1-9），以免因头发挡住脸的某些部位而影响化妆，同时也可避免化妆品弄脏头发；在顾客的胸前围一条毛巾，以免弄脏顾客衣服。

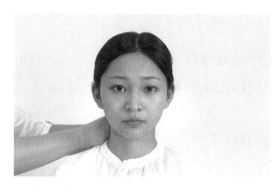

▲ 图1-8

▲ 图1-9

（二）用品、用具准备

将化妆时所需的化妆用品和用具按其使用顺序放在远近不同、取放方便的位置，并摆放整齐（图1-10）。将眼影盒、化妆套刷等化妆用品及用具打开，平放在化妆台上（图1-11）；将处理好的笔类化妆用品放入笔筒；用酒精消毒口红刷。

▲ 图1-10

▲ 图1-11

（三）化妆准备

1. 修眉

（1）修眉准备

①清洁眉毛及周围皮肤。

②根据顾客眉型特点，确定眉毛各部位的位置。

③选用修眉刀、眉镊、眉剪等修眉用具，修去眉型以外多余的眉毛。

（2）修眉方法：修眉时要根据所使用的用具不同采用不同的方法。一般来讲修眉有三种方法：修剪法、拔眉法和剃眉法。

①修剪法：用眉剪对杂乱多余的眉毛或过长的眉毛进行修剪，使眉型显得整齐。

②拔眉法：用眉镊将散眉及多余的眉毛连根拔除。

③剃眉法：用修眉刀将不理想的眉毛刮掉，以便于重新描画眉型。

（3）修眉结束

①将修完的眉毛进行梳理，有过长的眉毛可补充修剪。

②用收敛性化妆水拍打双眉及周围的皮肤，以使皮肤毛孔收缩。

2．清洁皮肤

预约时与顾客沟通，请顾客提前做好面部清洁工作、头发清洗干净并吹干等有利于造型的事项，并提示不要化妆、不佩戴饰物。妆前使用卸妆功效的湿纸巾进行再次清洁。

3．妆前护肤

职业妆是日妆的一种，多数应用于室内工作的职业女性。室内空气流动较慢，容易造成皮肤缺水，因此，做好妆前的护肤工作是十分必要的。

（1）涂化妆水：补水喷雾可以更好地增加皮肤的弹性及含水量（图1-12）。

（2）润肤：根据顾客皮肤类型选择润肤产品，均匀涂抹、薄厚适中，涂抹后皮肤应滋润且恢复弹性（图1-13）。

▲ 图1-12

（3）隔离：涂抹隔离产品，可使妆效持久并有效隔离彩妆产品，保护娇嫩肌肤（图1-14）。

▲ 图1-13

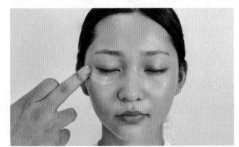

▲ 图1-14

四、化妆造型

职业妆的肤色要符合妆色淡雅含蓄、妆面效果自然的特点，保持皮肤原有的透明状态，颜色要与肤色接近并能掩盖住面部的瑕疵。因此，在肤色修饰中粉底不可过厚，可以选择具有保湿效果的乳液状粉底。

（一）产品及工具的选择

1. 产品的选择

职业妆可选择接近肤色的粉底液（图1-15）。

2. 工具的选择

粉底海绵、粉扑、掸粉刷、化妆棉、棉签（图1-16）。

▲ 图1-15

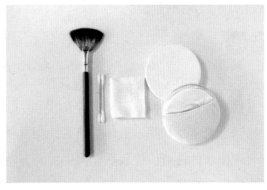

▲ 图1-16

（二）操作步骤

1. 用蘸有粉底的化妆海绵，在额头、面颊、鼻部、唇周和下颌等部位采用印按的手法，由上至下，依次将粉底涂抹均匀。

2. 用高光粉在需要提亮的部位，如鼻梁、额头、下颌等部位，采用点拍的手法提亮（图1-17）。

3. 采用平涂的手法，进行阴影色的晕染。

4. 使用粉扑蘸取少量定妆粉在全脸轻扫来进行定妆，轮廓的凹陷处比凸起处扫粉量略多一些（图1-18）。

5. 调整面部轮廓。

6. 使用双色修容饼调整面部轮廓，用色要自然、无痕迹感。

▲ 图1-17

▲ 图1-18

（三）注意事项

1. 粉底要涂抹均匀。所谓均匀并不是指面部各部位粉底薄厚一致，而是根据面部的结构特点，在转折的部位随着粉底量的减少而制造出朦胧感，从而强调面部的立体感。

2. 各部位要衔接自然，不能有明显的分界线。鼻翼两侧、下眼睑、唇周围等海绵难以深入的细小部位可以用手指进行调整。

3. 阴影色、高光色的位置根据具体的面部特征而有所变化。

4. 定妆要牢固，扑粉要均匀，在易脱妆的部位可多进行几遍定妆。

注 释

1. 粉底的选择

粉底根据"水分""油分"的比例不同，可分为乳液状粉底和膏状粉底。

（1）乳液状粉底：液体型粉底油脂含量少，水分含量较多，比其他种类粉底更能充分地表现出水的性质，化妆后显得更湿润、娇嫩、自然，适于油性皮肤和淡妆使用。又分液体型粉底和湿粉状粉底，湿粉状粉底的油脂含量比液体型粉底多，有一定的遮盖性，能充分显示皮肤的质感，适用于干性、中性皮肤和影视妆。

（2）膏状粉底：此类型粉底外观一般呈管状，又称粉条，油脂含量较多，具有较强的遮盖力，可赋予皮肤光泽和弹性。适用于面部瑕疵过多及浓妆，其妆面效果可使皮肤显得有青春活力。

2. 粉底海绵的使用方法

（1）印按法：这种涂法最为普遍。是最常用的涂抹粉底的方法。手点按下去即将海绵滑向一旁。利用印按法可使粉底涂抹均匀，附着力强，效果自然。

（2）点拍法：直上直下拍打，不做任何移动。用这种手法涂抹粉底，可使粉底与皮肤结合得更牢固，附着力更强。但大面积运用此法进行粉底的涂抹，会使粉底涂得太厚，使底色显得不太自然。此法常用于提亮肤色和遮盖瑕疵。

（3）平涂法：用海绵在皮肤上来回涂抹。这种手法由于力度轻，粉底的附着力不强，只适用于粉底过厚需要减薄或上眼睑部位。

职业妆眼部的修饰包括睫毛线的描画、眼影的晕染及睫毛的夹卷及涂抹。在修饰过程中，要根据顾客所从事的职业特点、所处的场合及个人条件进行修饰，做到因人而异。总体而言，眼影晕染面积不宜过大，强调眼型轮廓即可，以凸显职业女性清爽干练的职业感。

（一）产品及工具的选择

1. 产品的选择

黑色或棕色眼线笔，根据服装的色彩选择单色彩色眼影粉（如米色眼影粉）和黑色睫毛膏（图1-19）。

2. 工具的选择

眼线刷、眼影刷、粉扑、化妆棉、棉签（图1-20）。

▲ 图1-19

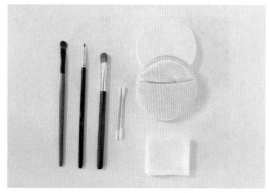

▲ 图1-20

（二）操作步骤

1. 晕染眼影

可选用大地色系或冷静色系眼影，高光色：奶油白或柔丝缎，中间色：柠檬草，强调色：常春藤。采用渐层晕染法，在强调眼部结构的同时避免使用艳丽的色彩（图1-21）。

2. 描画眼线

使用黑色或棕色眼线笔在睫毛根处描画睫毛线，根据眼型特征可适当拉出清晰的眼线，刚劲有力的眼线可强调妆容的职业感。睫毛线描画要自然，描画时要紧贴睫毛根部，与睫毛较好地融合（图1-22）。

▲ 图1-21

▲ 图1-22

3. 夹睫毛

夹卷睫毛时不宜过于弯曲（图1-23）。

4. 涂抹睫毛膏

可选用自然色或黑色睫毛膏处理睫毛，睫毛膏涂抹上下都要刷到，精致上扬的睫毛能增加眼睛的神采，但不可夸张（图1-24）。

▲ 图1-23

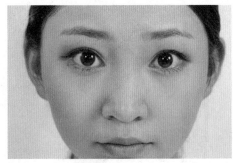

▲ 图1-24

（三）注意事项

1. 睫毛线描画要自然流畅，紧贴睫毛根、无溢出。

2. 眼影晕染过渡自然，与眉骨肤色无明显衔接痕迹。

3. 睫毛膏涂抹自然、均匀，无溢出。

> **注释**
>
> 1. 用睫毛膏涂抹上睫毛
>
> （1）请顾客眼睛向下看，睫毛刷由睫毛根向下、向外转动。
>
> （2）眼睛平视，睫毛刷由睫毛根部向上、向内转动，呈"之"字形，从睫毛根向上涂抹睫毛膏。

（3）涂抹次数越多睫毛越浓密，涂抹时可用大拇指蘸取定妆粉放置于眉毛位置，用于固定眼皮，防止睫毛膏涂抹在眼睑处；要横拿睫毛刷。

2. 眼线的基本描画方法

若将眼睛的长度分为十等份，上睫毛线从眼睛中间向前描画至内眼角，再向后描画延长至外眼角外2毫米。外拉睫毛线不可超过眼睛长度的1/8。

3. 眼影的基本描画方法

运用渐层晕染技法，使用单色彩色眼影粉涂抹眼影，使用米色眼影粉进行眼部结构的调整。

4. 夹卷睫毛

（1）眼睛向下看，将睫毛夹夹到睫毛根部，使睫毛夹与眼睑的弧度相吻合，夹紧睫毛5秒左右后松开，不移动夹子的位置连做1～2次，使弧度固定。

（2）用睫毛夹夹在睫毛的中部，顺着睫毛上翘的趋势，夹5秒左右松开。

步骤三　眉毛的修饰

职业妆眉毛的描画，在眉峰处适当画出棱角，以体现能干精明、自信利落的职业女性的特点为原则。

（一）产品及工具的选择

1. 产品的选择

职业妆的眉毛要体现职业特点，因此，选用眉粉来进行眉毛的描画（图1-25）。

2. 工具的选择

眉刷、眉梳、眉扫、粉扑、化妆棉、棉签（图1-26）。

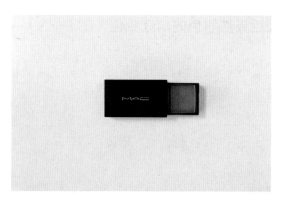

▲ 图1-25

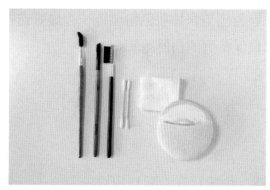

▲ 图1-26

（二）操作步骤

1. 从眉腰处开始，顺着眉毛的生长方向，描画至眉峰处，形成上扬的弧线。

2. 从眉峰处开始，顺着眉毛的生长方向，斜向下画至眉梢，形成下降的弧线。

3. 由眉腰向眉头处进行描画。

4. 用眉刷刷眉，使眉色柔和，并与各部位衔接。

（三）注意事项

1. 根据发色正确选择眉色，为突出眉毛的自然状态，可选用眉粉进行眉毛的描画，并使用眉笔进行细节的处理（图1-27）。

▲ 图1-27

2. 眉粉的蘸取量不可过大，否则容易导致眉色不均匀。

3. 眉梢的高度为眉头下缘至眉梢的水平连线，且略高于眉头。

4. 画眉色时，注意眉毛深浅变化规律，体现眉毛的质感，眉色略浅于发色。

5. 眉色最深的部位在眉腰中心。

步骤四　唇部的修饰

职业妆在唇部修饰过程中注意要达到精致的效果，避免选用过于艳丽的色彩。无须对唇型进行大幅度的调整，只需给人以清新自然之感即可。由于带妆时间较长，可以选择滋润性较强的自然色系唇膏及唇彩。

（一）产品及工具的选择

1. 产品的选择

唇色应与整体妆色协调统一，最好选择接近天然唇色的口红颜色（图1-28）。描画时尽量保持唇的自然轮廓。

2. 工具的选择

唇刷、粉扑、棉签（图1-29）。

（二）操作步骤

1. 涂抹唇膏（图1-30）

确定好各点的位置，先涂抹唇峰，再由上唇角处开始向唇中涂抹与唇中衔接，涂抹

▲ 图1-28

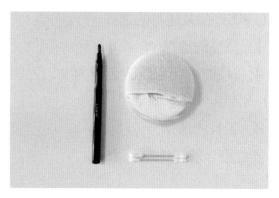

▲ 图1-29

下唇确定唇底位置，由下唇唇角向唇中涂抹，将各部位颜色进行衔接。

2. 涂抹唇彩（图1-31）

将唇彩主要涂于下唇中间处，起到润唇提亮的效果。

▲ 图1-30

▲ 图1-31

（三）注意事项

1. 唇线的颜色要与口红色调一致，并略深于口红。

2. 唇线的线条要流畅，左右对称。

3. 口红色彩的变化规律是：上唇深于下唇，嘴角深于唇中部。

步骤五　颊红的修饰

职业妆的颊红要根据整体妆面及服装色彩进行设计，颊红只需对气色进行调整，因此色彩不能过分炫目、夸张，应给人一种和谐、悦目、柔和的美感，使整个妆容更加靓丽，建议选择自然色腮红。

（一）产品及工具的选择

1．产品的选择

职业妆的颜色应以暖色调为主，为使肤色更明快，应选择粉红或橙红的粉状腮红（图1-32）。

2．工具的选择

腮红刷、粉扑（图1-33）。

▲ 图1-32

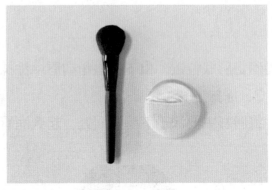

▲ 图1-33

（二）操作步骤及要领（图1-34）

（1）沿苹果肌—颧骨斜向上方向由内向外画圈轻打腮红。

（2）从颧弓下陷处开始，由发际向内轮廓进行晕染，与侧影适当衔接。

（三）注意事项

1．腮红晕染要自然柔和，颊红不要与肤色之间存在明显的边缘线。

2．蘸取及晕染腮红时，应用刷子的侧面。

▲ 图1-34

颊红的基本晕染方法

（1）从颧弓下陷处开始，由发际向内轮廓进行晕染。

（2）在颧骨上与第（1）步骤衔接，由发际向内轮廓进行晕染。

（一）操作步骤及要领（图1-35）

1. 分区

三七分或中分。

2. 造型

前区刘海翻翘蓬松的处理起到拉长脸型的效果，后区低位发髻或低位马尾体现职业妆干练精神的气质。

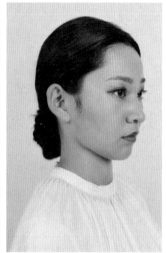

▲ 图1-35

（二）注意事项

根据顾客的脸型和发际线条件设计适合的发型。

1. 与顾客礼貌道别，送顾客离开工作室。

2. 化妆造型结束后，整理好个人物品及化妆箱，还原物品位置，保持卫生环境。

3. 对化妆工具清洁消毒。

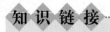

知识链接

化妆品保质期如表1-3所示。

表1-3 化妆品保质期一览表

化妆品种类	开封后保质期	变质迹象	存放方式
粉底（油质）	1~2年	出现油水分离或变色变味	室温冷藏均可
粉底（水质）	1~2年	变干或结成块状	室温冷藏均可；变硬时，切忌掺水搅和使用
蜜粉	1~2年	有不好闻的气味或产生块状	室温
颊红	1~2年	变色或变成糊状	室温
睫毛膏、眼线液	3~6个月	液体变浓或结块，表明已被细菌感染	室温
眉笔、眼线笔	1年	变色、易碎裂	室温
眼影	1~2年	根据是否变色、变味做基本判断	室温，避免暴晒在阳光下
唇膏、唇彩、唇笔	1~2年	变色、变味或边缘出现油粒、发霉	冷藏或避开阳光与高温
指甲油	1~3年	变干或变硬	室温冷藏均可
乳液	1~3年	油水分离或变色变味	室温冷藏均可
眼霜	1~2年	发出异味，说明油脂腐坏	室温冷藏均可
香水	1年左右	香味变淡或发出酸味	室温

考核评价

职业妆化妆造型设计考核标准及评分表

序号	考核内容	评价标准	得分
1	服务规范（6分）	（1）形象要求：着装大方仪容整洁，符合个人卫生要求。（2分） （2）语言要求：语音清晰、语速适中，热情、态度诚恳。（2分） （3）操作要求：站姿正确，物品摆放整齐，关心顾客（2分）	
2	接待顾客，制定方案（4分）	（1）文明、礼貌地接待顾客。（2分） （2）能根据顾客要求制定顾客满意的化妆方案（2分）	
3	化妆前准备工作（6分）	（1）修眉：眉型修整合适脸型特点。（2分） （2）皮肤清洁：皮肤清洁彻底、干净。（2分） （3）妆前护肤：做好补水、润肤、隔离工作（2分）	

序号	考核内容	评价标准	得分
4	肤色修饰（10分）	（1）操作手法正确。（2分） （2）粉底色彩选择与妆型要求符合。（2分） （3）粉底涂敷均匀、自然、润泽。（3分） （4）粉底达到修正要求（3分）	
5	眼部的修饰 （15分）	（1）眼影位置正确，晕染柔和自然，色彩搭配协调，增加眼部神采。（5分） （2）眼线位置延睫毛根部，描画流畅、干净，与眼型协调。（5分） （3）睫毛自然上翘，睫毛膏涂刷均匀，真、假睫毛不分层。（5分）	
6	眉毛的修饰 （15分）	（1）眉型设计符合妆型要求，描画立体、自然，符合脸型。（5分） （2）眉色与肤色、发色、妆色协调。（5分） （3）浓淡适宜，左右对称，无生硬感（5分）	
7	唇部的修饰 （8分）	（1）唇型清晰、饱满，描画立体，左右对称。（3分） （2）唇型设计有矫正作用。（3分） （3）唇色与妆色、肤色、服装整体协调（2分）	
8	颊红的修饰 （6分）	（1）位置正确，达到修饰脸型的效果。（2分） （2）过渡自然、透明，能较好地表现健康状态，效果自然。（2分） （3）腮红与肤色、妆色协调（2分）	
9	发型造型（10分）	（1）发型设计符合化妆造型主题要求。（5分） （2）发型适于脸型。（2分） （3）轮廓饱满，外形整洁（3分）	
10	整体造型（10分）	（1）整体符合设计要求。（5分） （2）发型妆面与服装协调、统一（5分）	
11	送顾客服务，清理场地（10分）	（1）与顾客礼貌道别，送顾客离开工作室。（5分） （2）整理工位，还原物品位置，清洁消毒，保持卫生环境（5分）	
评分人		合计	

职业妆造型

任务二 休闲妆化妆造型设计

[任务描述]

性格活泼开朗的小王（图2-1），在成功求职后，计划在周末和大学同学一起去郊游。为了展现自己的青春靓丽，留下学生时代美好的回忆，她来到形象设计工作室，请造型师为她进行化妆。让我们来为小王打造一款休闲妆（图2-2）。

▲ 图2-1

▲ 图2-2

[学习目标]

1. 知识目标

了解休闲妆化妆造型基本流程，熟悉休闲妆的特点和休闲妆的设计元素。

2. 能力目标

能够根据休闲妆的特点及顾客条件，能叙述生活妆的特点及设计元素，制定化妆方案；能够正确选择和使用化妆用品用具，进行面部五官的描画，为顾客提供休闲妆化妆造型服务。

3. 素养目标

培养造型师的观察、分析及设计能力；运用规范的服务用语接待顾客并进行有效的沟通，具备良好的服务意识和卫生意识。

一、休闲妆的特点

休闲妆用于人们日常生活中，其应用范围较为广泛。如每逢假日或休息时间可以施以朴实优美的淡妆；若携友外出旅游可以施以色彩自然的旅游妆，这些妆型均属于休闲妆。休闲妆具有相对自由的表现手法，是在日光媒介下近距离的表现，对面容进行轻微的修饰与润色，妆色清淡、典雅、协调自然，化妆手法要求精致，不留痕迹，妆型效果自然生动，以达到与服装、环境等因素的和谐统一。

二、化妆基础知识

（一）妆容设计的两大因素

人物造型设计中的个人妆容设计两大因素是顾客的外在因素与内在因素。准确地把握外在与内在的关系是人物造型设计的基本条件。

外在因素指每个人的脸型要素、发型要素、五官要素。

内在因素指每个人的个性要素、心理要素、文化修养要素。

（二）休闲妆的色彩

休闲妆讲究的是清新活泼富有朝气的气质特征，通常突出眼睛的柔美和双颊的红润，表现现代女性温柔与利落兼具的特质，可从色调方面去把握。休闲妆常用色彩与工具见表2-1。

表2-1　休闲妆常用工具与色彩

工具	色彩
眉笔	棕色
眼影	高光色：奶油白或柔丝缎。中间色：粉珍珠。强调色：榛果咖
眼线笔	深邃棕
睫毛膏	棕色、黑色
腮红	含羞红颜、粉橘色
唇膏	珊瑚红或蜜粉水
唇彩	雪晶莹或晶摩卡

一、服务规范

（一）男性造型师形象要求

1. 仪表要求（着装）

着装要得体大方，以方便工作为准则，服装要干净、整洁，不可有异味和污渍，其颜色以清新淡雅为好，同时考虑服装的舒适程度（图2-3）。

2. 仪容要求（化妆、发型）

化妆要符合造型师自然、健康、给人以亲切感的形象。发型整洁美观，不要出现任何过长、过于凌乱的发型，否则会妨碍视线，影响造型师的工作；发型可适当突出时尚感。

3. 卫生要求

双手保持清洁，定期进行手部死皮的处理并且注意修剪指甲。保持口腔清洁，切忌出现口腔异味，工作中不要把呼出的气喷在顾客脸上。

▲ 图2-3

（二）语言要求

1. 语音清晰，语调柔和舒缓，语速适中。
2. 面带微笑，主动热情，态度诚恳，注意目光与顾客的交流，使用专业用语。

（三）操作要求

1. 造型师的站姿

良好的站姿是造型师必备的基本功。造型师在化妆时应站在顾客的右侧，不能将手放在顾客的头部、肩部，不能将身体靠在顾客的身上，以免使顾客有不适的感觉。

2. 使用正确的引导手势，注意时刻观察镜子内的化妆效果。造型师保持与顾客的安全服务距离，注意手部固定顾客头部的姿势与力度以及为顾客围毛巾的正确方法。

3. 物品整齐有序地码放在化妆台面上，注意工具的消毒，随时保证工作区的干净整洁，化妆镜台码放整齐、无杂物。

4. 随时关注顾客的感受，注意沟通。

二、化妆前的准备工作

（一）服务准备

1. 接待顾客

使用规范的服务礼仪、服务用语接待顾客，填写顾客档案。

2. 围围布

固定遮盖顾客面部的多余头发，用发带或发卡将头发别好，以免因头发挡住脸的某些部位而影响化妆，同时也可避免化妆品弄脏头发；在顾客的胸前围一条毛巾，以免弄脏顾客衣服。

（二）用品、用具准备

将化妆时所需的化妆用品和用具及饰品服装按其使用顺序放在远近不同、取放方便的位置，并摆放整齐。将眼影盒、化妆套刷等化妆用品及用具打开，平放在化妆台上，将笔类化妆用品处理好放入笔筒；将口红刷用酒精消毒。提前将顾客服装熨烫好，饰品摆放整齐。

（三）化妆准备

1. 修眉

（1）清洁眉毛及周围皮肤，用化妆棉蘸清水或爽肤水清洁。

（2）根据顾客眉型特点，确定眉毛各部位的位置，先观察顾客原有眉型，避免错误。

（3）选用修眉用具，修去眉型以外多余的眉毛。

在休闲妆化妆中，选用修眉刀进行修眉。选用修眉刀使用剃眉法修剪可以避免皮肤红肿。一般来讲修眉有三种方法：剃眉法、修剪法、拔眉法。

① 剃眉法：用修眉刀将不理想的眉毛刮掉。刮眉时，用一只手的食指和中指将眉毛周围的皮肤绷紧，另一只手的拇指和食指、中指、无名指固定刀身，修眉刀与皮肤成45°（图2-4）。

② 修剪法：将剃完的眉毛根据眉毛生长方向进行梳理，然后先将眉梳平着贴在皮肤上，用眉剪从眉梢向眉头逆向修剪过长的眉毛，使眉型显得整齐（图2-5）。

③ 拔眉法：用眉镊将眉刀无法去除的散眉

▲ 图2-4

及多余的眉毛连根拔除。拔眉时，用一只手的食指和中指将眉毛周围的皮肤绷紧，另一只手拿着眉镊，夹住眉毛的根部，顺着眉毛的生长方向拔除（图2-6）。

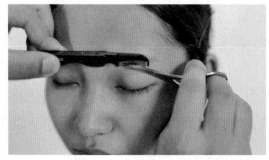

▲ 图2-5　　　　　　　　　　　　　　　　　　　▲ 图2-6

（4）用收敛性化妆水拍打双眉及周围的皮肤，使皮肤毛孔收缩。

2. 清洁皮肤

预约时与顾客沟通，请顾客做好面部清洁后简单护肤、清洗头发并吹干等有利于造型的工作，并提示不要化妆、不佩戴饰物。妆前使用具有卸妆功效的湿纸巾进行再次清洁。

3. 妆前护肤

休闲妆是日妆的一种，讲究的是清新活泼、富有朝气，多数应用于居家、旅游、逛街等。皮肤长时间暴露在空气当中，容易造成皮肤缺水。因此，做好妆前的护肤工作是十分必要的。

（1）涂化妆水：化妆水可以更好地增加皮肤的弹性及含水量。

（2）润肤：根据顾客皮肤类型选择润肤产品，均匀涂抹、薄厚适中，使皮肤完全吸收，涂抹后皮肤应滋润且恢复弹性。

（3）隔离：涂抹隔离产品，可使妆效持久并有效隔离彩妆产品，保护娇嫩肌肤。

三、化妆造型

步骤一　肤色的修饰

休闲妆的肤色要突出妆色透明自然、妆面效果红润的特点，底妆要遵循轻、薄、透三个特征。为了让底妆呈现自然的效果，粉底需要选用比原有肤色深一度的乳液状粉底。

（一）产品及工具的选择

1．产品的选择

休闲妆可选择接近肤色的粉底液（图2-7）。

2．工具的选择

海绵、粉扑、散粉刷、掸粉刷、化妆棉、棉签（图2-8）。

▲ 图2-7

▲ 图2-8

（二）操作步骤（图2-9）

1．徒手把粉底涂抹在面部。

2．用海绵把粉底均匀涂抹开，将面部各个部位的粉底进行衔接。

3．定妆

使用大号粉掸、粉刷蘸取少量定妆粉在全脸轻扫，轮廓的凹陷处比凸起处扫粉量要略多一些。使用粉扑在眼周、鼻周、唇周等易出油的部位进行二次定妆。

▲ 图2-9

（三）注意事项

1．手指使用力度要轻柔，让粉底与肌肤紧密贴合，粉底涂抹完成后，使用海绵按压。

2．粉底涂抹量不可过大，粉底不可过厚。重点部位（鼻翼、唇角、眼下）要重点涂抹。

3．由于鼻翼两侧皮脂及汗液的分泌量较大，容易造成脱妆，所以鼻翼两侧要重点按压，确保粉底牢固。

注 释

1. 徒手打底的方法

（1）使用徒手涂抹粉底的方法在面颊、额头、下颌点上粉底，用中指、无名指在面部点按粉底，粉底越分散越好。

（2）用手指从鼻子两侧开始向后呈扇状轻轻推开脸颊处的粉底。

（3）用中指、无名指顺着毛孔的生长方向由上向下涂抹鼻子上的粉底，在鼻翼两侧的细微处用手指点压。

（4）由中间向两边平行推开额头及下颌处的粉底。

（5）用手指衔接面部各个部位的粉底。

（6）用手掌整体按压面部，使得粉底更好地和皮肤贴合。

2. 定妆的方法

（1）使用大号粉掸、粉刷蘸取少量定妆粉在全脸轻扫，轮廓的凹陷处比凸起处扫粉量要略多一些。

（2）使用粉扑在眼周、鼻周、嘴周等易出油的部位进行二次定妆。

步骤二　眼部的修饰

休闲妆的眼影要求淡晕染，重点在睫毛根部及外眼角处，面积不宜过大，可以使用中间色眼影来表现温柔甜美，防止疲惫的眼神流露出来即可，以突显休闲妆清爽自然的感觉。

（一）产品及工具的选择

1. 产品的选择

灰黑色或棕色眼线笔，根据服装的色彩选择单色彩色眼影粉（如米色、肉粉色眼影粉）和黑色睫毛膏（图2-10）。

2. 工具的选择

眼线刷、海绵棒头眼影刷、粉扑、化妆棉、棉签、睫毛夹。

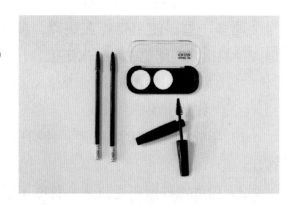

（二）操作步骤

▲ 图2-10

1. 晕染眼影

眼影可选用高光色：奶油白或柔丝缎；中间色：粉珍珠；强调色：榛果咖，眉骨处用高光色眼影提亮，增加眼部光彩，选用海绵棒采用单色平涂法进行晕染（图2-11）。

2．描画眼线

休闲妆注重自然，眼线可以勾勒靠近眼尾的1/3处，使用黑色或棕色眼线笔在睫毛根处描画睫毛线，根据眼型特征可适当拉长。睫毛线描画要自然，描画时要紧贴睫毛根部，与睫毛较好地融合。

▲ 图2-11

3．夹睫毛

夹卷睫毛时不宜过于弯曲，把睫毛分为睫毛根、睫毛中部、睫毛梢，从睫毛根部向睫毛梢依次夹卷。

4．涂抹睫毛膏

可选用自然色或黑色睫毛膏处理睫毛，由根部往里刷，睫毛膏涂抹不可夸张。

（三）注意事项

1．睫毛线描画要自然流畅，紧贴睫毛根、无溢出。

2．在涂抹睫毛膏前可用无色睫毛雨衣，给睫毛定型。防止有色睫毛膏对睫毛造成伤害。

3．眼影晕染过渡自然，与眉骨肤色无明显过渡痕迹。

4．夹睫毛时动作要轻，避免将睫毛夹断。

 注 释

睫毛的处理

1．过短的睫毛

一般情况下需选择含有加长纤维的睫毛膏，轻柔地涂抹可增加睫毛的浓密度。

2．过长的睫毛

涂抹到尾端时要迅速结束，避免睫毛尖部粘连。

3．稀少的睫毛

可反复多次进行，选择加密的睫毛膏可增加睫毛的浓密程度，必要时可粘贴假睫毛。

4．浓密的睫毛

可选用透明的睫毛膏增加睫毛的质感，涂抹黑色睫毛膏时可加大力度，减少睫毛的挂膏量。

休闲妆眉毛的描画，以体现清新而有活力的休闲特点。利用眉笔从眉头至眉尾顺向描画，只按照原有的眉型淡淡描画，不必刻意修饰，笔法要轻，使眉毛显得自然顺和，眉毛的颜色可以与发色协调一致。

（一）产品及工具的选择

1．产品的选择

休闲妆可选用与眉色接近的浅棕色眉笔（图2-12）。

2．工具的选择

眉梳、粉扑、化妆棉、棉签（图2-13）。

▲ 图2-12

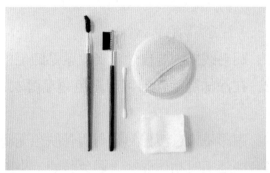
▲ 图2-13

（二）操作步骤（图2-14）

根据发色正确选择眉色，为突出眉毛的自然状态，可选用眉笔进行眉毛的描画。

1．从眉腰处开始，顺着眉毛的生长方向，描画至眉峰处，形成上扬的弧线。

2．从眉峰处开始，顺着眉毛的生长方向，斜向下刷至眉梢，形成下降的弧线。

3．由眉腰向眉头处进行描画。

▲ 图2-14

（三）注意事项

1．画眉持笔时，要做到"紧拿轻画"。

2．眉毛是一根根生长的，因此画眉时要根据眉毛的生长方向一根根进行描画，从而体现眉毛的空隙感。

3．描画眉毛时，注意眉毛深浅变化规律，体现眉毛的质感，眉色略浅于发色。

4．眉笔要削成扁平的"鸭嘴状"。

步骤四　唇部的修饰

标准唇型的唇峰在鼻孔外缘的垂直延长线上；唇角在眼睛平视时眼球内侧的垂直延长线上；下唇略厚于上唇，下唇中心厚度是上唇中心厚度的2倍；嘴唇轮廓清晰，嘴角微翘，整个唇型富有立体感。唇峰位于唇中至嘴角的1/3处，此唇型为标准唇型，给人以亲切、自然的印象。

（一）产品及工具的选择

1．产品的选择

膏状口红及唇彩（图2-15）。

2．工具的选择

唇刷、粉扑（图2-16）。

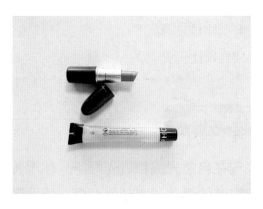

▲ 图2-15

▲ 图2-16

（二）操作步骤

1．确定唇型。

2．使用护唇产品滋润唇部（图2-17）。

3．确定标准点：在上唇确定唇峰的位置，在下唇确定与唇峰相应的两点。

4．涂抹唇彩：使用唇刷蘸取唇彩，均匀地涂抹在唇部表面。

▲ 图2-17

（三）注意事项

1．不可大幅度改变唇型。

2．防止唇部干裂，影响妆面效果。

3．口红色彩变化规律为：上唇深于下唇；嘴角深于唇的中部。

4．休闲妆的唇部修饰应给人清新自然的感觉。由于带妆时间较长，可以选择保湿性较强的自然色系唇膏及唇彩。唇色应与整体妆色协调统一，最好选择接近天然唇色的口红颜色。描画时尽量保持唇的自然轮廓。

 注 释

不完美的唇型

1．嘴唇过厚：唇型有体积感，显得性感饱满，但过于厚重的唇型会使女性缺少秀美的感觉。

2．嘴唇过薄：上唇与下唇的宽度过于单薄，从而使人显得不够大方，缺少女性丰满圆润的曲线美。

3．嘴角下垂：嘴角下垂使人显得严肃不开朗，并有一定的年龄感。

4．鼓突唇：唇中部外翻凸起，有外翻的感觉。

5．平直唇型：唇部轮廓平直，唇峰不明显，缺乏曲线美。

6．唇型过大：嘴角的外形过于宽大，会使面部比例失调。

7．唇型过小：嘴唇的外形过于短小，也会使面部比例失调。

步骤五　颊红的修饰

休闲妆主要应用于人们的日常生活中，表现在自然光线和日光灯下，休闲妆讲究的是清新活泼富有朝气的气质特征，通常以突出眼睛的柔美和双颊的红润，因此腮红的选择可以是粉橘色，体现健康气色。

（一）操作步骤及要领

1．沿苹果肌—颧骨斜向上方向由内向外画圈轻打腮红。

2．从颧弓下陷处开始，由发际向内轮廓进行晕染，与侧影适当衔接。

（二）注意事项

1．颊红晕染要自然柔和，颊红不要与肤色之间存在明显的边缘线。

2．脸型偏长也可选择在苹果肌上扫圆形腮红。

步骤六　整理发型

休闲妆的发型应简单干净，不宜夸张，要根据服饰、场合、脸型做造型，与轻松愉快感觉相吻合。

（一）操作步骤及要领

1．分区

三七分或中分。

2．造型

大波浪卷或高位马尾。

（二）注意事项

根据顾客的脸型和发际线条件设计适合的发型。

步骤七　送顾客

1．与顾客礼貌道别，送顾客离开工作室。

2．化妆造型结束后，整理好个人物品及化妆箱，还原物品位置，保持卫生环境。

3．对化妆工具清洁消毒。

知识链接

一、化妆品的正确使用

1．防氧化防高温

空气中的氧气及高温会破坏化妆品中的化学物质。因此，应放置在阴凉处或适当冷藏。用完要旋紧瓶盖，以防氧化引起变质。

2．避免细菌进入

使用前要洗手，用后要旋紧瓶盖。霜类保养品不宜用手直接取用，最好使用刮棒或棉棒；有些保养品或彩妆品的瓶盖内有隔离的胶片，千万不要去掉，这样可多一层保护；取出的保养品不要再重新放回瓶内。不要与别人共用化妆品，尤其不要和别人共用眼彩妆品。

3．远离浴室

除了清洁品，护肤品和彩妆品都不宜放在浴室里。比较常用的化妆品，都不宜放在浴室里，可放在梳妆台上，较少用的则可放在抽屉中。现用现买，不要囤积。当季不用的美容用品，要尽快用完，避免变质。

4. 定期清洗

彩妆品工具，如海绵、刷子要保持干净，定期清洗，避免造成污染。尤其是蜜粉、粉饼的海绵粉扑等更要保持干净，不要让汗渍留在上面。粉扑、眉刷、眉笔可先泡在中性洗涤剂中10分钟，再放在水龙头下，顺着毛尖方向冲洗。然后，轻捏刷毛，挤掉多余的水分，再垫上毛巾阴干。

5. 确保温度

护肤品宜放在干燥通风处，不可放在潮湿、高温或阳光直射的环境中。

二、化妆品的保存

1. 护肤品

护肤品可分清洁、润肤、养肤等产品。一般只要放在阴凉处，就可确保质量。化妆水类的产品可装回原包装盒中，放在冰箱的冷藏室中，切忌放在冰箱门边，因为冷热空气的交换最易使产品变质。霜类保养品在存放之前，应先用酒精擦拭瓶口及瓶盖，旋紧后，存于阴凉处。

2. 粉底及粉底液

用酒精将瓶口及瓶盖擦拭干净，海绵粉扑要清洗干净，彻底干透后放入粉盒内。

3. 口红

用刮棒刮去已使用过的表面，并旋入瓶内，盖紧瓶口，置于阴凉处。

考核评价

休闲妆化妆造型设计考核标准及评分表

序号	考核内容	评价标准	得分
1	服务规范（6分）	（1）形象要求：着装大方仪容整洁，符合个人卫生要求。（2分） （2）语言要求：语音清晰、语速适中，热情、态度诚恳。（2分） （3）操作要求：站姿正确，物品摆放整齐，关心顾客（2分）	
2	接待顾客，制定方案（4分）	（1）文明、礼貌地接待顾客。（2分） （2）能根据顾客要求制定顾客满意的化妆方案（2分）	
3	化妆前准备工作（6分）	（1）修眉：眉型修整合适脸型特点。（2分） （2）皮肤清洁：皮肤清洁彻底、干净。（2分） （3）妆前护肤：做好补水、润肤、隔离工作（2分）	

序号	考核内容	评价标准	得分
4	肤色修饰（10分）	（1）操作手法正确。（2分） （2）粉底色彩选择与妆型要求符合。（2分） （3）粉底涂敷均匀、自然、润泽。（3分） （4）粉底达到修正要求（3分）	
5	眼部的修饰（15分）	（1）眼影位置正确，晕染柔和自然，色彩搭配协调，增加眼部神采。（5分）。 （2）眼线位置延睫毛根部，描画流畅、干净，与眼型协调。（5分） （3）睫毛自然上翘，睫毛膏涂刷均匀，真、假睫毛不分层（5分）	
6	眉毛的修饰（15分）	（1）眉型设计符合妆型要求，描画立体、自然，符合脸型。（5分） （2）眉色与肤色、发色、妆色协调。（5分） （3）浓淡适宜，左右对称，无生硬感（5分）	
7	唇部的修饰（8分）	（1）唇型清晰、饱满，描画立体，左右对称。（3分） （2）唇型设计有矫正作用。（3分） （3）唇色与妆色、肤色、服装整体协调（2分）	
8	颊红的修饰（6分）	（1）位置正确，达到修饰脸型的效果。（2分） （2）过渡自然、透明，能较好地表现健康状态，效果自然。（2分） （3）腮红与肤色、妆色协调（2分）	
9	发型造型（10分）	（1）发型设计符合化妆造型主题要求。（5分） （2）发型适于脸型。（2分） （3）轮廓饱满外形整洁（3分）	
10	整体造型（10分）	（1）整体符合设计要求。（5分） （2）发型妆面与服装协调、统一（5分）	
11	送顾客服务，清理场地（10分）	（1）与顾客礼貌道别，送顾客离开工作室。（5分） （2）整理工位，还原物品位置，清洁消毒，保持卫生环境（5分）	
	评分人		合计	

休闲妆造型

任务三　社交晚宴妆化妆造型设计

[任务描述]

　　小王是一名外企公司高管，一年一度的公司高层晚宴今晚在北京举办。来自全世界各办事处的领导齐聚我国首都，共庆宴会。小王希望给第一次谋面的领导及同事留下一个美好的印象。于是她邀约了时尚造型师小叶来到家中，为她进行化妆造型。我们来看看造型师是如何为小王设计符合社交晚宴妆容的（图3-1、3-2）。

▲ 图3-1

▲ 图3-2

[学习目标]

　　1. 知识目标

　　熟悉晚宴妆化妆造型跟妆服务流程，了解化妆设计基本要素和社交晚宴妆的特点。

　　2. 能力目标

　　能够根据社交晚宴妆的特点及顾客条件，制定化妆方案；能够正确设计社交晚宴妆色彩及表现技法，进行面部五官的深入刻画，为顾客提供社交晚宴妆化妆造型服务。

　　3. 素养目标

　　培养造型师的观察、分析及设计能力；运用规范的服务用语接待顾客并进行有效的沟通，具备良好的服务意识和卫生意识。

一、社交晚宴妆的特点

理想的社交晚宴妆侧重的是精致与持久的妆型，配合华丽的服饰来展现高贵典雅的气质，社交晚宴服饰华丽但不过于闪耀，是低调奢华之美。注重面料与配饰的质感以及精美的做工。在举杯谈笑中显示独特的光彩。社交晚宴妆用于夜晚、较强的灯光下和气氛热烈的场合，显得华丽而鲜明。

二、化妆基础知识

（一）"TPO"原则与化妆的关系

一个"美商"很高的女性选择化妆必须考虑到时间、地点、场合（TPO）这三个因素，女士"TPO"着妆按照生活中经常出现的场合划分，可分为上班场合、休闲场合、约会场合、社交场合。这就要求造型师需要具备对不同场合妆容打造的把控能力。例如上班场合的化妆应以清淡自如的生活妆为主，而社交晚宴场合的化妆应当以时尚前沿的社交造型为主。

（二）社交晚宴妆的色彩

妆色要浓而艳丽，五官描画可适当夸张，重点突出深邃明亮迷人的眼部和饱满性感的红唇，可从色调方面去把握，社交晚宴妆常用工具与色彩见表3-1。

表3-1　社交晚宴妆常用工具与色彩

工具	色彩
眉笔	棕色
眼影	高光色：奶油白或柔丝缎。中间色：金琥珀。强调色：浓咖啡
眼线笔	深邃棕或经典黑
睫毛膏	棕色、黑色
腮红	金色阳光
唇膏	醇琥珀或都市棕
唇彩	晶摩卡

一、服务规范

（一）形象要求

1. 仪表要求（着装）

时尚造型师，也称造型师，以男性居多。无论是男性还是女性时尚造型师在着装方面都要遵循得体大方，以方便工作为准则的基本原则，除此之外更要凸显个人对时尚着装的理解。因此造型师应对自身仪表有较高要求，结合时下流行元素或设计理念对自己的穿着突出新意，穿出品位。从个人形象上给予客户信服感。

2. 仪容要求（化妆、发型）

化妆要符合造型师清新健康且时尚的形象。发型整洁美观，可适度标新立异。不要出现过长、过凌乱的发型，以免妨碍视线，影响工作。

3. 卫生要求

双手保持清洁，造型师可对个人的指甲进行护理或美化，但不可过尖或过长，以免对工作造成不必要的影响。保持口腔清洁，切忌出现口腔异味。

（二）语言要求

1. 语音清晰柔和，态度热情诚恳，使用专业用语。
2. 善于与顾客做积极高效的沟通。

由于造型师服务的客户群体相对高端，因此作为造型师应该掌握多方面的信息以便提高沟通质量。

（三）操作要求

1. 造型师的站姿

造型师在化妆时可站在顾客的右侧，不要将手放在顾客的头部、肩部，不能将身体靠在顾客的身上，以免使顾客有不适的感觉。

2. 物品码放整齐有序，根据现场镜台情况进行摆放，尽量与在店内工作时摆放物品位置相同。注意工具的消毒，化妆垃圾的回收，随时保证工作区的干净整洁。

3. 造型师工作时需佩戴口罩。

4. 随时关注顾客的感受，并与顾客进行积极有效的沟通。

二、自我介绍，沟通设计方案

造型师到达顾客家中，首先与顾客沟通交流，了解顾客的意愿，根据顾客的自身条件，造型师通过对顾客面部特征的观察，为顾客提供设计方案，与顾客进行沟通并得到确认。

1．自我介绍

造型师与顾客初次见面首先自我介绍，如："您好！我是造型师某某，很高兴这次可以上门为您服务……"。

2．入室文明礼仪

由于造型师工作地点多为顾客家中或大型酒店，因此进入顾客生活空间后应注意对顾客用品的保护，对室内卫生环境进行保持。例如，入室先询问是否需要更换拖鞋；使用卫生间时应注意文明；做化妆造型时注意不要将化妆品或碎发散落在地上等。

3．询问

询问顾客需求，如，"请问您要参加什么活动？"或"您要出席什么场合……"，与顾客确认化妆具体位置，了解顾客需求，提前检查服装与饰品，同时在脑海中设计搭配方案。

4．沟通

沟通时运用普通话进行委婉柔和的阐述，了解顾客的诉求并讲明自己的设计方案，以供顾客参考并达成设计共识。需要顾客等待时，要说明自己将要做的工作，请顾客耐心等待。

三、化妆前的准备工作

（一）服务准备

用发带或发卡将顾客头发别好，在顾客的胸前围专业化妆围布，以免弄脏顾客衣服。

（二）用品、用具准备

将化妆时所需的化妆用品和用具及饰品服装按其使用顺序放在远近不同、取放方便的位置，并摆放整齐。将眼影盒、化妆套刷等化妆用品及用具打开，平放在化妆台上，将笔类化妆用品处理好放入笔筒；将口红刷用酒精消毒。提前将顾客服装熨烫好，饰品摆放整齐。

（三）化妆准备

1．修眉

（1）将眉毛及周围皮肤进行清洁。

（2）根据顾客眉型特点，确定眉毛各部位的位置。

（3）选用修眉用具，修去眉型以外多余的眉毛。

（4）为顾客设计出适合其脸型的眉型。

眉型的设计

1．柳眉

如柳叶般诗情画意的柳眉，给人古典的印象。

2．柔和眉

将柳眉的宽度放大，即形成女性化、温柔、婉约的柔和眉。

3．现代眉

将柔和眉加上有角度的眉峰，即形成了现代眉，是非常适合现代女性的眉型。

4．欧式眉

欧式眉保留有柳眉的细致，拥有柔和眉的女性化，还有眉峰的角度，再加上现代眉的高挑与自然，形成一种较为成熟又不失智慧的欧式眉效果。

5．秀气眉

清纯、年轻是秀气眉主要的视觉语言。

6．自然眉

维持本身的基本眉型，将自身的眉毛加以修饰，表现个人特制的眉型。

2．清洁皮肤

预约时与顾客沟通，请顾客做好面部清洁工作，并提示不要化妆、不佩戴饰物、头发清洗干净并吹干等有利于造型的注意事项，简单护肤即可。妆前使用具有卸妆功效的湿纸巾进行清洁。

3．妆前护肤

社交晚宴妆是晚宴妆的一种，多数应用于现代都市女性。因为室内空气流动较慢容易造成皮肤缺水，因此，做好粉底前的护肤工作是十分必要的。

（1）涂化妆水。补水喷雾可以更好地增加皮肤的弹性及含水量。

（2）润肤。根据顾客皮肤类型选择润肤产品，均匀涂抹、薄厚适中，涂抹后皮肤应滋润且恢复弹性。

（3）隔离。涂抹隔离产品，可保持妆效持久并有效隔离彩妆产品，以保护娇嫩肌肤。

四、化妆造型

步骤一　肤色的修饰

社交晚宴妆的粉底色可以与本身肤色相近或略白于本身肤色，但切忌打得过厚或过白。利用底妆的深浅色号打造立体底妆（深色、浅色），持久耐时（根据不同肤质选择底妆产品），重点强调面部轮廓感。根据个人皮肤状况可选择膏状或液妆粉底进行打造（图3-3）。

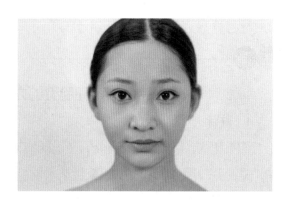

▲ 图3-3

（一）产品及工具的选择

粉底液、定妆粉、双色修容饼（图3-4）、松粉刷、粉扑、掸粉刷、散粉刷、化妆棉、棉签（图3-5）。

▲ 图3-4

▲ 图3-5

（二）操作步骤

1．涂抹粉底

（1）使用粉底刷（松粉刷）蘸取适量粉底。

（2）逆着毛孔的方向打圈涂抹粉底基础色，基础色可选用与顾客肤色最为接近或略偏白于肤色的色号。

（3）使用粉底海绵蘸取暗色粉底在颧弓下线位置勾勒出阴影色；亮色粉底在"T"

形区进行提亮，立体打底（图3-6）。

2．使用散粉刷定妆。

3．利用修容粉调整面部轮廓。

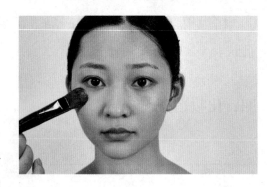

▲ 图3-6

（三）注意事项

1．化妆刷使用力度要轻柔，按压时要使用粉底刷的刷腹，力度不可过大，让粉底与肌肤紧密贴合。

2．粉底涂抹量不可过大，粉底不可过厚。重点部位（鼻翼、嘴角、眼下）要重点涂抹。

注 释

不同脸型的立体打底矫正方法

1．甲字形脸

额头宽阔，下颚线呈瘦削状，下巴既窄又尖，发线大都呈水平状，有些人在额头发际处会有"美人尖"，甲字形脸长久以来被艺术家视为最理想的脸型，也是造型师用来矫形的依据。

2．长形脸

此种脸型宽度较窄，显得瘦削而长，发线接近水平且额头高，面颊线条较直，颚部突出，角度分明。可适度增加暗影范围，切忌提亮面积过大。

3．圆形脸

从正面看，脸短颊圆，颧骨结构不明显，外轮廓从整体上看似圆形。圆脸型可爱、明朗、活泼和平易近人的印象，看上去比实际年龄小。可重点在颧骨位置进行暗影修饰。

4．方形脸

方形脸的宽度和长度相近，下颚突出方正，与圆形脸不同之处在于下颚横宽，线条平直、有力。方形脸给人坚毅，刚强、堂堂正正的印象，但缺乏柔和感。可以在"T"字区域重点提亮。

5．菱形脸

也称申字形脸，脸部一般较为清瘦，颧骨突出，尖下颚，发际线较窄，脸部较有立体感，脸上无赘肉，显得机敏、理智，给人冷漠、清高、神经质的印象。要在颧骨的位置重点提亮。

社交晚宴妆妆容在眼影的选择上适合带有闪亮感的珠光眼影、水溶眼影。眼影的技法通常可以选择渐层、烟熏和小倒钩。眼影的色彩可以金棕色、咖色、金黄色、金橙色、褐红、棕红、蓝灰色等色彩为主。眼影层次需柔和，可更好地体现眼部立体感（图3-7）。

▲ 图3-7

（一）产品及工具的选择

黑色或棕色眼线笔，根据服装的色彩选择单色或彩色眼影色、咖色眼影粉、黑色睫毛膏（图3-8）；眼线刷、眼影刷、粉扑、化妆棉、棉签（图3-9）。

▲ 图3-8

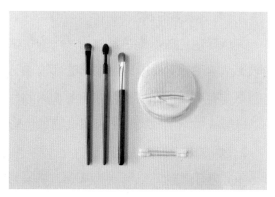

▲ 图3-9

（二）操作步骤

1. 矫正眼型

使用美目贴将顾客眼型调整一致。

2. 描画眼线

使用黑色眼线笔在睫毛根处描画睫毛线，社交晚宴妆的睫毛眼线以黑色为主，要自然流畅，可以略粗一些，眼尾适当拉长，下眼线也需要加重，必要时可以轻轻晕开。

3. 晕染眼影

可选用眼影，高光色：奶油白或柔丝缎；中间色：金琥珀；强调色：浓咖啡。采用渐层晕染法、烟熏晕染法或小倒钩晕染法，强调眼部结构。

4. 夹睫毛

可以从眼中的位置翘起。

5．粘贴假睫毛或涂抹睫毛膏

根据顾客要求粘贴假睫毛或涂抹睫毛膏，可选用黑色睫毛膏处理睫毛，同时可以对下睫毛进行描画，上下呼应，色泽更加饱满。应选择自然无痕型假睫毛，假睫毛可选用双层，来搭配浓郁的眼妆。

（三）注意事项

1．睫毛描画要自然流畅，紧贴睫毛根、无溢出。

2．眼影晕染过渡自然，与眉骨肤色无明显衔接痕迹。

3．睫毛膏涂抹自然、均匀，无溢出。

4．真、假睫毛弧度一致无分层。

眼影的晕染技法

1．渐层眼影的画法

先选择浅色的眼影色彩，用平涂的手法将其平涂在整个上眼睑部位，然后再选择深色的眼影从睫毛根部将眼线至眼窝的部位画三等分，最靠近眼线处颜色最深，且色彩与色彩之间不要有明显的分界线，如还要加深颜色，可用同上的方法，但面积须由浅到深依次减小。一般在做渐层晕染时不应超过三种色彩。

2．烟熏眼影的画法

重点在于层次。以渐层为基础，将眼影的面积、层次加大，包括眼尾眼头的部位加上浓重的眼线，使眼睛呈现出深邃、神秘的效果。

3．小倒钩眼影的画法

是用较深的颜色按照双眼睑的折痕线从眼尾向眼头同样由深到浅晕染至1/3或2/3位置消失，面积不可以过大，双眼睑折痕处下方可留出明显的分界线，但上方一定要晕染开。

步骤三　眉毛的修饰

社交晚宴妆眉毛由于受到光线的影响，描画应适当浓烈，需体现眉型的有力感。眉毛层次要分明，眉型可适度上挑。眉毛要求上虚下实、前虚后实。可借助染眉膏进行眉色的调节改变（图3-10）。

▲ 图3-10

（一）产品及工具的选择

眉粉、眉笔、染眉膏（图3-11）；眉刷、眉梳、眉扫、粉扑、化妆棉、棉签（图3-12）

▲ 图3-11

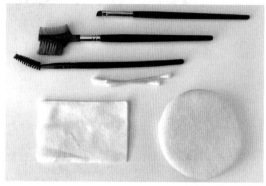

▲ 图3-12

（二）操作步骤及要领

在眉毛的修饰上可选用咖啡色眉粉轻轻扫出眉型，再用眉笔填补空缺的眉毛部位，加强眉尾的线条感，保持眉头的清淡自然，线条要清晰，最后用咖色染眉膏刷饰眉毛，制造立体效果。

（三）注意事项

1. 画眉持笔时，要做到"紧拿轻画"。

2. 眉毛是一根根生长的，因此画眉时要一根根进行描画，达到根根分明的效果。

3. 描画眉毛时，注意眉毛深浅变化规律，体现眉毛的质感，眉毛略浅于发色，可用染眉膏进行调色处理。

4. 眉笔要削成扁平的"鸭嘴状"，更便于表达线条感的仿真眉。

步骤四　唇部的修饰

社交晚宴妆唇部的修饰可以打造得润泽饱满一些，这样看上去唇型更加性感妩媚，契合晚宴的主题。而色彩则可根据整体妆容的色彩来加以搭配，以浓重、富有光泽的色彩重新描画唇线、涂抹唇膏和唇彩，尽量与眼影色、腮红色及服装色协调呼应（图3-13）。

（一）产品及工具的选择

唇膏、唇彩（图3-14）；唇刷、粉扑（图3-15）。

▲ 图3-13

▲ 图3-14

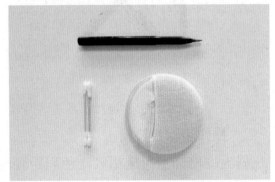

▲ 图3-15

（二）操作步骤及要领

1．涂抹唇膏

可选用较深的醇琥珀、都市棕、大红色唇膏强调轮廓，再用金色或同色系亮色突出嘴唇中部的位置，强调立体感。

2．涂抹唇彩

选用晶摩卡。

（三）注意事项

1．唇的颜色可选择大红色或者裸色再或与妆面服装色相统一色调的唇色。

2．唇型外边缘线要流畅，左右对称。

3．口红色彩变化规律为：上唇深于下唇；嘴角深于唇中部。

步骤五　颊红的修饰

社交晚宴妆的颊红要根据整体妆面及服装色彩进行设计，颊红需对气色进行调整，

　　化妆造型设计

色彩可偏重于选择沉稳的金色阳光或棕红色系（图3-16）。

▲ 图3-16

（一）产品及工具的选择

腮红（图3-17）；腮红刷、粉扑（图3-18）。

▲ 图3-17

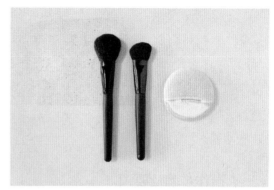

▲ 图3-18

（二）操作步骤及要领

1．沿苹果肌—颧骨斜向上方向由内向外画圈轻打腮红。

2．从颧弓下陷处开始，由发际向内轮廓进行晕染，与侧影适当衔接。

3．在腮红的修饰上可选择结构式打法，这样立体感更强，有收紧轮廓的效果。

（三）注意事项

1．颊红晕染要自然柔和，颊红不要与肤色之间存在明显的边缘线。

2．蘸取及晕染颊红时，应用刷子的侧面。

<hr>

步骤六　定　妆

为了使妆面的效果更加持久，需要在整体妆面完成之后利用散粉进行二次定妆。

步骤七　整理发型

社交晚宴场合的发型可以适当配合服装的款式与风格进行整体打造，选择浪漫的大波浪、带有纹理感和干练效果的盘发等都会比较适合，与华美的晚宴感觉相吻合（图3-19）。

▲ 图3-19

（一）操作步骤及要领

1.分区

三七分或中分。

2.造型

大波浪卷或低位盘发。

（二）注意事项

根据顾客的脸型、发际线条件、服饰设计适合的发型。

步骤八 告别离开

1.化妆造型结束后，整理好个人物品及化妆箱，还原物品位置，保持卫生环境。

2.与顾客沟通协调是否需要全程跟妆，如无须全程跟妆，与顾客礼貌道别离开。

知 识 链 接

一、晚宴造型服饰风格特点

璀璨的灯光、夸张的礼服或饰品，烘托出华丽，高贵，淑女的气质。所以在社交场合中，晚礼服起着重要的作用，合体的晚礼服和妆容会为社交带来额外的收获并增加自信。

饰品也应精致高雅，与服装搭配，可适当增加饰品的尺寸或选用带有一定光泽感的饰品。

二、晚宴饰品的选择

在社交晚宴场合可以运用一些大胆夸张的图案，增加自己在社交场合中的关注度，素色也是晚礼服中主要的选用对象，但是为了减少素色的单一性，根据服装感觉，适当地加上璀璨的装饰，增加礼服的层次感。

1. 社交晚宴场合，饰品的选择相当重要，因为服装的款式有时很难在这类场合中达到夺目惊艳的效果，所以可以选择一些别致新颖、质地精美的饰品来增加闪光点。

2. 特别提示的是，要切记饰品选择要与服装的风格和色彩相协调，饰品数量也不宜贪多，以恰到好处为宜。

三、晚礼服的来源及设计、选择搭配

晚礼服来源于欧洲贵族的大型晚宴，是贵族所穿的服装，非常华丽高贵。礼服的设计体现了皇尊贵族的档次，同时为礼服设计的首饰、小包、帽子等多种饰品也是一大亮点。现在已经演变成了不同种类、不同风格的礼服，现在的礼服样式多样，颜色千变万化，不再只适合贵族穿戴。造型师在做整体造型时，发挥空间也是比较大的。如今礼服不但出现在影楼里，出现在不同的娱乐场所，更出现在日常社交活动中。

社交晚宴妆造型师需将顾客的个性、气质、脸型、肤色、发质、年龄、职业等诸多因素作为一个整体来构思，运用造型艺术的手段，设计出符合人物身份、修养、职业的形象，以得到公众及顾客的认可和欣赏。

考核评价

社交晚宴妆化妆造型设计考核标准及评分表

序号	考核内容	评价标准	得分
1	服务规范 （6分）	（1）形象要求：着装大方仪容整洁，符合个人卫生要求。（2分） （2）语言要求：语音清晰、语速适中，热情、态度诚恳。（2分） （3）操作要求：站姿正确，物品摆放整齐，关心顾客（2分）	
2	自我介绍，沟通方案 （4分）	（1）入室文明礼仪，主动自我介绍。（2分） （2）能根据顾客要求制定顾客满意的化妆方案（2分）	
3	化妆前准备工作（6分）	（1）修眉：眉型修整合适脸型特点。（2分） （2）皮肤清洁：皮肤清洁彻底、干净。（2分） （3）妆前护肤：做好补水、润肤、隔离工作（2分）	

序号	考核内容	评价标准	得分
4	肤色修饰（10分）	（1）操作手法正确。（2分） （2）粉底色彩选择与妆型要求符合。（2分） （3）粉底涂敷均匀、自然、润泽。（3分） （4）粉底达到修正要求（3分）	
5	眼部的修饰（15分）	（1）眼影位置正确，晕染柔和自然，色彩搭配协调，增加眼部神采。（5分）。 （2）眼线位置延睫毛根部，描画流畅、干净，与眼型协调。（5分） （3）睫毛自然上翘，睫毛膏涂刷均匀，真、假睫毛不分层（5分）	
6	眉毛的修饰（15分）	（1）眉型设计符合妆型要求，描画立体、自然，符合脸型。（5分） （2）眉色与肤色、发色、妆色协调。（5分） （3）浓淡适宜，左右对称，无生硬感（5分）	
7	唇部的修饰（8分）	（1）唇型清晰、饱满，描画立体，左右对称。（3分） （2）唇型设计有矫正作用。（3分） （3）唇色与妆色、肤色、服装整体协调（2分）	
8	颊红的修饰（6分）	（1）位置正确，达到修饰脸型的效果。（2分） （2）过渡自然、透明，能较好地表现健康状态，效果自然。（2分） （3）腮红与肤色、妆色协调（2分）	
9	发型造型（10分）	（1）发型设计符合化妆造型主题要求。（5分） （2）发型适于脸型。（2分） （3）轮廓饱满外形整洁（3分）	
10	整体造型（10分）	（1）整体符合设计要求。（5分） （2）发型妆面与服装协调、统一（5分）	
11	整理物品，告别离开（10分）	（1）与顾客沟通协调需要全程跟妆，如无须全程跟妆，与顾客礼貌道别离开。（5分） （2）整理个人物品，还原物品位置，保持卫生环境（5分）	
	评分人	合计	

社交晚宴妆
造型

　化妆造型设计

单元二

实用婚礼妆化妆造型设计

[单元导读]

婚礼化妆造型是新娘结婚当日中的化妆造型，常见的婚礼化妆造型有白纱化妆造型、中式化妆造型、礼服化妆造型三种造型。白纱造型主要表现新娘的清新、自然、纯洁、甜美；中式造型表现新娘喜庆、吉祥、古典端庄；礼服造型则表现新娘复古、华贵、艳丽、性感。

本单元以准新娘小王结婚时的化妆造型为案例。为了在一生中最重要的一天展现出最美的自己，小王希望塑造白纱造型、中式造型、礼服造型三种不同的造型设计。本单元以这三种造型为学习任务。在任务中还将学习为新人服务的完整流程，色彩基础知识，各类妆型造型特点、要求和相关知识。

[单元目标]

1. 知识目标

按照婚纱化妆造型设计要点的基本原则，独立完成结婚当日新娘不同的整体造型设计。

2. 能力目标

熟练掌握婚纱化妆造型设计的基本流程，把控好整体操作时间，在规定时间完成化妆造型。

3. 素养目标

规范着装要求与服务用语，有效地与顾客进行沟通；具备良好的现场应对能力，解决突发问题的能力。

[工作流程]

接待咨询→设计造型方案→进行试妆→确认细节→婚礼当天化妆造型→整理服务区，与新人礼貌道别

任务四　婚纱新娘妆化妆造型设计

[任务描述]

步入婚礼的殿堂，穿上美丽的婚纱，是女性一生中最幸福的时刻。小王是一位美丽的准新娘，她的婚礼定在十月一日，在酒店内举行。小王希望婚礼中分别穿着白色的婚纱、中式服装和礼服三套服装，她请到专业的造型师进行婚礼当天的造型设计（图4-1~图4-3）。

▲ 图4-1

▲ 图4-2

▲ 图4-3

[学习目标]

1. 知识目标

熟悉新娘化妆造型的服务和流程，化妆造型方案的制定，不同婚礼风俗的特点。

2. 能力目标

能根据面部特征、婚纱、灯光等因素设计符合新娘要求的化妆造型，且能选择适合的饰品进行搭配。

3. 素养目标

规范服务过程中的标准；能够进行有效的沟通与交流，具备观察力及对突发事件的应对能力。

知识准备

结婚是人一生中幸福美好的事情，为了让新娘在婚礼当天能以最美的形象出现在新郎及亲朋面前，需要造型师对新娘进行形象造型。在婚礼当天化妆造型前，专业的造型师还需要完成以下工作。

一、接待顾客，制定婚礼当天整体造型方案

接待、制定
方案

1．造型师从接待人员处将顾客引领到接待室，与顾客沟通交流，了解婚礼当天的时间、地点、场景、灯光、礼服件数、颜色、饰品及中场换装时间。

2．造型师通过对顾客的面部观察，了解顾客的肤质以及在化妆造型方面的喜好，用专业知识为顾客制定设计方案。

3．确定试妆时间、地点及所要带的物品。

二、试妆

1．按照约定的时间和地点进行试妆。

2．根据结婚当日婚礼服装的先后顺序为新娘进行化妆造型。

3．造型师为顾客讲解婚礼前皮肤的保养知识及卸妆知识。

4．造型师和顾客确定婚礼化妆造型中的细节。

5．为了保证婚礼中新人及造型师的利益，应事先与顾客签订协议。

甲方：（委托方）　　　　　　　　　　　　　乙方：（婚庆彩妆造型单位）

新郎：　　　　　　　　　　　　　　　　　　联系人：

新娘：

地址：　　　　　　　　　　　　　　　　　　地址：

联系电话：　　　　　　　　　　　　　　　　联系电话：

　　根据《中华人民共和国合同法》《中华人民共和国消费者权益保护法》，为明确双方权利义务关系，经双方协商一致，在自愿、平等的基础上达成以下协议，共同遵守。

一、委托情况

　　甲方为其于_____年___月___日在_____酒店_____厅（地址：_____市_____区_____路_____号）举行的婚礼，委托乙方进行造型服务，指定_____为婚礼造型师。

　　造型师联系方式：

　　服务内容总价为人民币_____元整（大写）_____（小写）。

　　甲方签订合同时需付订金_____元整。余款_____元整，于婚礼结束后支付给造型师本人。

二、服务内容

　　□半程化妆　　□半程跟妆　　□全程跟妆（一）　　□全程跟妆（二）

　　免费提供项目：□假睫毛　　　□发饰　　　　　□配饰

　　　　　　　　　□伴娘妆　　　□母亲妆　　　　□其他_____

　　服务时间：造型师于婚礼当天上午_____点到达_____　□至午宴结束　　　□至晚宴结束

　　　　　　　□_____时　　_____时（超时收费金额_____元/半小时）

　　远郊、外省交通及食宿另需费用：

　　新娘档案：

　　彩妆、发型要求：

　　饰品、配饰要求：

　　如当天由于生病等不可抗原因，该造型师不能履约，由该彩妆工作室提供同等以上价位的造型师服务供甲方选择。

三、合同权利义务转让

在合同有效期内，任何一方对于不可抗力事件所直接造成的延误或不能履行合同义务的，不需承担责任（但必须出示有效证明），但该方应采取必要的措施以减少造成的损失。

四、违约责任

退单发生纠纷：如造型师出现违约行为，由造型师全权赔付甲方一切费用。

如因甲方出现违约行为，定金将不予退还。

五、未尽事宜与附加条款

（一）本合同未尽事宜由甲、乙双方协商确定，并形成书面协议作为本合同附件执行。

（二）本合同附加条款（见副本）

本正本一式两份，具有相同的法律效力。

本合同经双方签字、盖章后生效。

甲方：	乙方：
地址：	地址：
电话：	电话：
签字：	盖章（签字）：
日期：	日期：

三、西式婚纱由来及造型特点

婚礼是世界各国都有的一种结婚仪式，不过新娘穿婚纱的婚礼历史却不到200年。白纱礼服原是天主教徒的典礼服，而古代欧洲一些国家是政教合一的国体，人们结婚必须到教堂接受神父或牧师的祈祷与祝福，这样才能算正式的合法婚姻，自罗马时代开始，白色就象征着欢庆。在1850年到1900年的维多利亚女皇时代，白色也是富裕、快乐的象征。后来则加强了圣洁和忠贞的意义，形成了纯白婚纱的崇高地位。

西式婚纱颜色一般以白色为主，象征着纯洁、神圣，婚纱化妆造型主要表现新娘的清新、自然、纯洁与甜美，妆面干净、自然、柔和、牢固持久，不宜脱妆。造型典雅、大方，与服饰协调统一。

任务实施

一、服务规范

（一）形象及着装的要求（图4-4）

1. 造型师着装要符合婚礼当天喜庆，隆重的场合要求。

2. 仪容要求，造型师要化淡妆，因为婚礼是突出新娘美艳风采的特殊场合，故造型师的服装、妆容要符合场景，不要喧

▲ 图4-4

宾夺主太过突出自己。

3. 造型师在婚礼场合注意语言禁忌，不说不适合的话语。

4. 用品用具摆放整齐，放到自己随手可以拿到的地方。

5. 为新娘换上婚纱，带其到化妆的位置上，在新娘胸前围好毛巾或围布，以免弄脏其婚纱。

（二）化妆准备

1. 修眉

为避免修眉后眼部红肿，影响婚礼当天的化妆效果，造型师会建议新娘在婚礼前两天进行修眉，也可在婚礼当天选择刀片或电动修眉刀处理眉毛，婚礼当天不可使用眉镊拔除眉毛（图4-5）。

2. 妆前护肤

婚礼前一天造型师与顾客联系，当天化妆前提前做好皮肤清洁工作，贴敷面膜、涂水乳。提醒新娘水乳不可涂抹过多或使用质地太油腻的水乳，那样皮肤吸附能力会变差，容易导致粉底不上妆；涂定妆液，延长带妆时间；根据婚礼举办的季节及场景涂抹适合的防晒产品。

3. 电热棒烫发

根据新娘头发的发量及质地，用电卷棒将头发烫卷，以备之后造型。用小型鸭嘴夹将头发固定住，不要用发卡或发带固定头发，否则会勒出痕迹或压扁头发，影响造型（图4-6）。

▲ 图4-5

▲ 图4-6

二、化妆造型

婚纱化妆造型应注重感官效果，整体化妆造型需360°呈现。在确保新娘风采的同时，不可过于夸张，使亲属产生陌生感。要根据新娘的肤质选择适合的粉底来打造水润、柔和的自然底妆。婚礼当天，可利用粉底颜色的变化修饰轮廓，突出面部的立体感（图4-7）。

▲ 图4-7

（一）产品及工具的选择

底妆产品的选择在新娘当天化妆中特别重要，新娘妆容需从早上到晚上保持，需要选择持久度长、牢固度好的产品。

1. 产品选择

BB霜、CC霜、气垫粉底、慕斯粉底液、粉底霜、亚光定妆粉、珠光定妆粉（图4-8）。

2. 工具的选择

粉刷、粉扑、棉片、棉签（图4-9）。

▲ 图4-8

▲ 图4-9

（二）操作步骤

1. 粉底涂抹

（1）选择适合新娘皮肤颜色的粉底液并用粉刷适量蘸取。

（2）使用质地柔软亲肤力强的粉刷均匀涂抹出脸部内轮廓。用深色号的粉底涂抹在鼻翼及外轮廓上，从而突出脸部的立体感，在T字区及面部需要突出的位置进行提亮（图4-10）。

2. 定妆

选用大号的散粉刷，适量蘸取珠光定妆粉在内轮廓上定妆，再蘸取亚光定妆粉在外轮廓上定妆（图4-11）。

▲ 图4-10   ▲ 图4-11

3. 检查

修饰面部轮廓，检查底妆效果是否持久且牢固。

（三）注意事项

1. 底妆颜色要自然。
2. 注意轮廓线的衔接与过渡，脸部与颈部色差的衔接与过渡。
3. 细节部分的处理要检查。

 注 释

粉底刷的使用方法

1. 使用小号刷子隐去肌肤纹理

蘸取粉底遮盖三角区内的三条纹路：眼袋下面的笑纹、鼻翼两侧的法令纹、嘴角延长线的纹路。

2. 使用中号粉刷让粉底贴合

沿着肌肤纹路斜向涂抹粉底，起到遮瑕、上色的作用，使粉底达到自然贴合的效果。

3. 使用大号粉底刷蘸取少量粉底拍打、按压面部，使粉底更加服帖。

4. 借用手掌温度按压融合粉底。

婚纱新娘妆眼部的修饰极为重要，眼睛可以传神，灵动的眼妆是新娘妆的主要特色，眼部的描画包括美目贴对眼型的调整、眼线的描画、眼影的晕染及假睫毛的粘贴。在修饰的过程中，要根据新娘的眼部自身特点及所处的场景进行修饰，做到因人而异。总体而言，眼睛的修饰要体现新娘的纯洁、柔美、自然的美感（图4-12）。

▲ 图4-12

（一）产品及工具的选择

1．产品的选择

婚纱新娘妆的眼部化妆常用的眼部产品有眼线笔、眼线膏、眼线液、水状眼线笔、睫毛膏、假睫毛、睫毛胶、眼影（图4-13），在选择产品的时候要特别注意眼影颜色，切勿选择纯度高、珠光含量高的产品，粉状微珠光的眼影是首选，颜色选用淡雅、轻透的咖啡色系、浅紫色系等。

2．工具的选择

睫毛夹、美目贴、眼线刷、粉扑、化妆棉、棉签、小剪刀、睫毛胶（图4-14）。

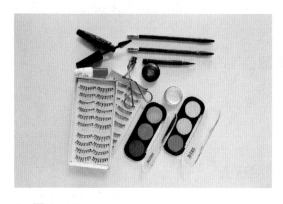

▲ 图4-13

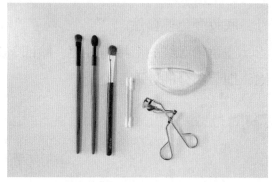

▲ 图4-14

（二）操作步骤及要领

眼部的矫正方法有三种，可通过美目贴、眼线、假睫毛来对眼型进行调整。

1．修剪粘贴美目贴

婚纱新娘妆眼部修饰时可使用美目贴调整眼型，粘贴美目贴不可超过两层，避免过重的修饰痕迹（图4-15、图4-16）。

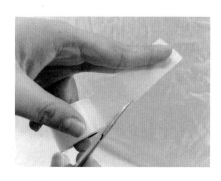
▲ 图4-15

▲ 图4-16

2．晕染眼影

眼影选择微珠光感的水溶性眼影，眼型好的顾客选择暖色系的眼影，以粉色为主；选择平涂或者渐层晕染技法。对于眼型过小的新娘可以小彩熏、渐层晕染手法为主，搭配自然仿真型的睫毛。在内眼角可加少许银白色粉，增加新娘眼睛的明亮度和时尚感。但需要注意眼影的色彩和范围不可过于夸张。

3．描画眼线

婚纱新娘妆描画上眼线时可适当加粗，使人显得精神；如需画下眼线则从外眼角至内眼角，一般到眼睛长度的三分之一处逐渐消失，将眼线画在睫毛的外面，切忌画得太长、太厚，以免显得老气、浓艳，不符合婚纱新娘妆的特点。

4．睫毛的修饰

婚礼当天新娘需要粘贴假睫毛，用假睫毛夹卷真睫毛时要注意卷曲角度，避免真、假睫毛脱节。使用仿真型和半贴型假睫毛可使眼部妆效更加自然。

用睫毛夹将睫毛分三个阶段夹翘，注意弧度。婚礼新娘妆一般选择自然、仿真型睫毛更为适宜，也可选择半贴型假睫毛来强调眼部立体感，假睫毛要粘贴牢固，并用睫毛膏把真、假睫毛自然地衔接在一起（图4-17）。

▲ 图4-17

（三）注意事项

眼部的修饰重点要放在眼型的矫正上，眼影颜色不可过度夸张，注重感观效果，眼线细致流畅，假睫毛的型号选择适合，粘贴过渡自然。

美目贴对眼型的矫正

1. 单眼皮

将美目贴剪成细长的月牙形，紧贴睫毛根部贴住，如果能撑起来，就再剪一条（仍然要细长一些），在第一层的基础上再贴一层，第二层要压住第一层，以此类推，调整眼型。

2. 内双

这种眼型很容易塑造双眼皮，直接剪成月牙形的美目贴，压在折痕部位贴好即可。

3. 下垂眼

一般是由于眼尾的皮肤较为松弛才形成的。可以把美目贴剪成前窄后宽的月牙形，压贴在折痕部位调整眼型。

步骤三　眉毛的修饰

婚礼新娘妆眉毛尽量以新娘的自身眉型为基准，颜色一般不宜过浓，以自然平缓的弧形眉较为适合（图4-18）。

（一）产品及工具的选择

1. 产品的选择

眉粉、眉笔（图4-19）。

2. 工具的选择

眉刷、眉梳、粉扑、棉签、化妆棉（图4-20）。

▲ 图4-18

▲ 图4-19

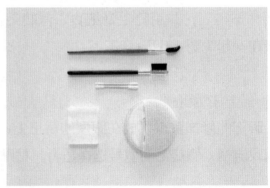

▲ 图4-20

（二）操作步骤

根据新娘的发色选择适合的眉型修饰产品，用眉刷蘸取适量的眉粉，描画出基础眉型，再用眉笔在所缺眉毛部位进行填补，然后用深色眉笔在眉峰的位置加强层次感，让眉型立体、生动。

（三）注意事项

1. 所化眉色要适合新娘的发色，不可由于颜色深而带来生硬感。

2. 眉型的边缘线要过渡自然，不要有框住的感觉。

3. 下笔力度要轻，不要让新娘有不适的感觉。

4. 手上要勾着粉扑，不要破坏整体底妆。

 注 释

眉型的选择

眉毛的多样化使其富于变化及表现力。眉型的选择对眉毛的变化非常重要，在选择眉型时要注意以下两点。

1. 要根据眉毛的自然生长条件来确定眉型。较粗、较浓的眉毛造型余地较大，通过修眉可以形成多种眉型，较细、较浅的眉毛在造型时会有一定的局限性，只能根据自身条件进行修饰，否则会给人失真、生硬的感觉。眉毛是由眉骨支撑的，眉毛自然生长的弧度是由眉骨决定的，因此在设计眉型时，要考虑眉骨的弧度，若调整幅度过大，会显得不协调，不仅不能增加美感，反而会影响容貌的整体效果。

2. 要根据脸型选择眉型。眉毛是面部五官改变幅度较大的部位，因此对脸型有一定的矫正作用。如长脸型配以平直的眉毛，使脸型有缩短的效果；圆脸型通过眉型往上倾斜提高了横向切割线的位置，使眉型与下颌轮廓线的距离拉长，从而调整脸型。

步骤四　唇部的修饰

在婚纱新娘妆中，由于婚纱是白色的，所以一般选择浅色系，色彩柔和、光泽感、水润感强的口红、唇彩等唇部彩妆产品，有减小年龄感的作用。作为个性、时尚的彩妆师，就要对各种妆容进行每一处细节的矫正与修饰。只有这样，才能达到时尚、完美感觉（图4-21）。

▲ 图4-21

（一）产品及工具的选择

1. 产品的选择

唇彩、唇膏、唇蜜（图4-22）。

2. 工具的选择

唇刷、粉扑、棉签、化妆棉（图4-23）。

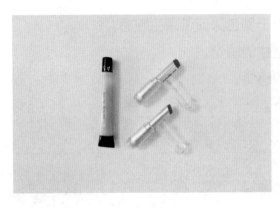

▲ 图4-22　　　　　　　　　　　　▲ 图4-23

（二）操作步骤

1. 根据新娘的唇部特点矫正唇型。

2. 在唇部的外轮廓涂相应颜色的唇部彩妆产品。

3. 唇部内轮廓局部提亮。

（三）注意事项

1. 根据整体化妆风格描画唇型，唇线不要有刻意描画的痕迹。

2. 注意唇部的滋润度，嘴唇不宜有起皮、干燥的现象。

3. 唇色过渡自然、对称。

唇色的选择

1. 肤色白皙的人适合任何颜色的口红，但以亮度较高品种为最佳。

2. 肤色较黑的人适合暗红等亮度较低的色系。

3. 粉红色给人以年轻、温馨、柔美的感觉。

4. 红色给人以鲜艳而醒目的感觉，所以若涂上鲜红的口红，整个人会变得神采飞扬、热情奔放。

5. 赭红色系是一种接近咖啡色的颜色。涂上这种色系的口红会显得端庄、典雅，颇具古典韵味。

6. 橘色具有红色的热情与黄色的明亮。涂上橘色口红会给人以热情、活跃的感觉，非常适合年轻的女孩使用。

步骤五　面颊的修饰

在婚纱新娘妆中，选择一款适合的腮红可以提升新娘的整体气色，所以是非常重要的环节，不容忽视。一般可以选择粉色、浅橘色、肉桂色、珊瑚色等色彩柔和的色系。注重直观的效果，不宜过重（图4-24）。

▲ 图4-24

（一）产品及工具的选择

1. 产品的选择

婚礼当天的新娘腮红需要呈现由内至外突出的效果，可选用气垫腮红，液体腮红或膏状腮红等水性腮红。

2. 工具的选择

腮红刷、粉扑、粉底海绵。

（二）操作步骤

不同的腮红质地所需的工具不同，所使用的步骤也是不同的，熟练掌握腮红的描画技巧，并注意颜色的过渡。

步骤六　涂抹身体粉

新娘穿着婚纱，尽量将裸露在外的肌肤涂抹上身体粉，要注意颈部与脸颊部位颜色的衔接，注意手指关节处细节的处理，不要有涂抹不均、颜色不均的现象。

婚纱造型——
发型

▲ 图4-25

1．发型

在为婚礼当天的新娘做造型时，需要考虑新娘的喜好及脸型。一个完整的造型不但要能体现出新娘自身的气质，符合大众的审美，还得让新娘自己满意，从而达到最初的目的。发型的选择也非常重要，发型选择时，考虑到婚礼现场的特点，可选用披散式、半披式、高盘式、底盘式、拧编式等。

婚纱新娘发型的设计还要考虑与下一个中式新娘造型发型之间变换的因素，由于换造型时间非常紧，所以婚纱新娘发型最好要与中式新娘造型有衔接过渡的关系，这样有利于节省造型时间。

2．饰品

璀璨的造型饰品比较适合婚礼中的暗场婚礼，因为暗场婚礼会使用大量的灯光，会让头饰大放异彩，钻饰品比较亮丽，能产生闪耀夺目的效果。耳环和项链的选择也要配套，这样才有整体性。

步骤八　补妆环节（图4-26）

完成了婚纱化妆造型后，新娘就可以根据已安排的流程与伴娘、亲戚进行照相与视频拍摄，留下美好的画面；新郎接亲、酒店迎宾过程中新娘由于活动会出汗、出油；吃、喝会让口红掉色，这些都需要造型师立刻进行补救，否则摄影、摄像师会把不完美的新娘形象摄录到影像资料中，造成遗憾。

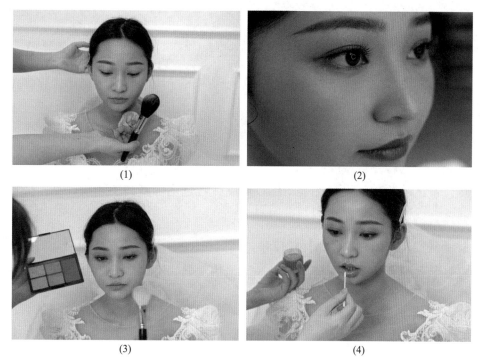

▲ 图4-26

（1）定妆散粉，按压底妆。

（2）检查睫毛是否开胶。

（3）补腮红。

（4）补口红颜色。

知 识 链 接

一、常规婚礼流程

步骤	时间	内容
1	5：30—7：00	造型师为新人化妆、摄影师拍摄花絮
2	7：00—7：45	新人准备婚礼当天的鲜花等所需设施
3	8：00—8：30	前往新娘家
4	8：30—8：45	新郎进门迎娶新娘
5	9：10—10：30	前往新郎家（也可根据安排直接前往婚礼现场）
6	11：00	到达婚礼现场，迎接宾客
7	选择的吉时	婚礼开始
8	12：00	婚礼仪式结束
9	12：00—12：20	新人换装
10	12：20	新人回到婚礼现场
11	14：00—16：00	送宾客、卸妆

二、正确的卸妆方法

1. 脸部卸妆的难点是眼妆，卸妆的时候先将眼部专用的卸妆液倒在化妆棉上，将浸湿的化妆棉敷在眼皮上。

2. 化妆棉湿敷15秒左右之后，轻轻擦拭湿敷的地方，这个步骤可以卸掉大部分的眼妆。

3. 用干净的化妆棉沾上眼部专用化妆产品或者是用棉签沾上卸妆产品，轻轻擦拭眼部残留的妆容，彻底卸干净眼妆。

4. 脸部其他部位用卸妆产品打圈按摩，然后用化妆棉擦拭掉彩妆。

5. 在卸妆品乳化之后，用清水洗干净，再用洗面奶洗干净全脸，保证脸部不残留任何的彩妆。

考核评价

婚纱新娘妆化妆造型设计考核标准及评分表

序号	考核内容	评价标准	得分
1	接待顾客，制定方案	（1）文明、礼貌地接待顾客。（2分） （2）能根据顾客要求制定新娘满意的化妆方案（2分）	
2	婚礼当天准备工作	自身形象得体，工具清洁干净、摆放整齐，提醒事项到位（4分）	
3	肤色修饰	（1）粉底色彩选择与妆型要求符合。（3分） （2）粉底涂敷均匀、自然、透明。（4分） （3）粉底达到修正要求（3分）	
4	眼部的修饰	（1）眼影位置正确，起到修正作用。（3分） （2）色彩晕染柔和。（3分） （3）色彩搭配协调。（3分） （4）眼线描画柔和、干净。（3分） （5）假睫毛自然、真实（3分）	
5	眉毛的修饰	（1）眉型设计符合妆型要求。（5分） （2）描画立体、自然。（3分） （3）符合脸型（2分）	
6	唇部的修饰	（1）唇型清晰。（1分） （2）描画立体。（1分） （3）唇型饱满。（1分） （4）唇型设计有矫正作用。（5分） （5）色彩与妆型整体协调（2分）	

序号	考核内容	评价标准	得分
7	面颊的修饰	（1）位置正确，达到修饰脸型的效果。（2分） （2）过渡自然、透明。（2分） （3）色彩协调（1分）	
8	身体粉的涂抹	（1）涂抹服帖均匀。（1分） （2）选色准确，适合新娘肤色（1分）	
9	发型造型	（1）发型设计符合化妆造型主题要求。（3分） （2）发式造型有新意。（3分） （3）发型适合脸型。（3分） （4）发式饰物与发型协调。（3分） （5）轮廓饱满、外形整洁（3分）	
10	整体造型	（1）新娘妆有创新。（5分） （2）整体符合设计要求。（5分） （3）发型妆面与服装协调、统一（5分）	
11	清理场地	（1）整理现场产品及工具，清理工作桌面。（3分） （2）整理婚纱饰品，摆放整齐（2分）	
评分人		合计	

婚纱妆婚纱
造型

任务五　中式新娘妆化妆造型设计

[任务描述]

　　小王穿着洁白的婚纱完成了她的婚礼仪式。接下来是向亲朋敬酒答谢的仪式，她希望在敬酒环节中展示不同风格的自己，所以为自己准备了传统的中式服装，展现出中国传统新娘的美轮美奂。现在她的时间非常紧迫，只有20分钟左右时间进行换装、换发型、改妆容（图5-1、图5-2）。除了完成换中式造型任务，我们还要了解中式新娘化妆造型的相关知识与技能。

▲ 图5-1　　　　　　　　　　　▲ 图5-2

[学习目标]

　　1. 知识目标

　　熟悉中式新娘化妆造型特点、设计要点，婚礼造型换造型流程。

　　2. 能力目标

　　能根据已有的婚纱造型结合中式新娘造型的特点，通过前期试妆设计造型，在规定时间内完成符合中式新娘造型的发型、妆容修改。

　　3. 素养目标

　　培养随机应变、解决问题的能力，处理和分析信息能力，以及精益求精、坚持不懈的精神。

知识准备

中国传统婚礼
服饰介绍

一、中国传统婚礼服饰介绍

　　中国传统文化历史悠久、魅力无限，中国传统婚礼服饰作为传统文化的一个重要组成部分，是中华民族乃至人类社会创造的宝贵财富。随着人们对中国传统文化的重视，中式婚礼、中式新娘造型在近年来受到了越来越多新人的喜爱，中式新娘造型不仅能体现新娘古典的气质，还能把中国文化传承下去。

古有凤冠霞帔、十里红装，新娘披上红装之后就离开娘家，开始了一段新的生活。但是随着现代社会的高速发展，中国传统婚礼服饰也进行了改良与变化，现代婚礼中常见的中式传统服饰有凤冠霞帔、龙凤褂、秀禾服、旗袍等。

1．凤冠霞帔（图5-3）

指旧时女子出嫁时候的装束，也指古代贵族女子和受朝廷诰封的命妇的装束。凤冠霞帔是两种可以分别独立穿戴的服饰，一是头戴的凤冠，二是身穿的霞帔，具有浓厚的中国历史韵味，喜庆而华美。根据地位等级的高低，在颜色、花纹、装饰和用料上有所不同。后来才演变成富家女子出嫁时的装束，主要特征是奢侈。如今，凤冠霞帔象征了祥瑞、希望和幸福，承载了人们喜结良缘、百年好合的美好愿望。

2．龙凤褂（图5-4）

龙凤褂源自满族，据说清朝宰相梁储嫁女儿的时候，皇帝恩赐用丝线绣成的龙凤褂作为礼服，这在当时是极大的荣耀，从此就促成一种结婚穿裙褂的潮流。龙凤褂最大的特点是直筒+绣法+图案，一般来说，龙凤褂分上褂、下裙两个部分，一般都呈直筒状。不过随着当下审美的发展，上褂一般都会做一定比例的收腰设计，以体现女性的曲线美。裙褂上的图案多以龙、凤为主体，其他图案包括"福"字、"喜"字、荷花、荷叶、蝴蝶、鸳鸯、蝙蝠等。这些图案寓意尊贵吉祥、百年好合。

▲ 图5-3

▲ 图5-4

3. 秀禾服（图5-5）

是在传统服饰上加以改良的一款嫁衣，变成了很多人中式婚礼的大红喜服，大家也拿来当作敬酒服使用。比龙凤褂更为有自然亲和力。秀禾服设计较宽大，对人的身材要求不高，胖瘦都可以穿。秀禾服上衣的领子款式采用的是圆领或者是立领，然后配上对襟或者右衽类型的大襟袄褂，下身裙子则是正常的马面裙，体现出江南女子温婉、秀美、端庄的气质。

4. 旗袍（图5-6）

旗袍是中国女性的特色衣服、传统服装，被誉为中国国粹，最能体现东方女性的气质。旗袍是非常挑人的，身材、颜色、款式要搭配的好，搭配不好就会让人感觉奇怪。在新人们对旗袍的要求越来越高时，经过不断创新和改良的中式韵味十足的新娘装旗袍，成为婚礼婚宴中敬酒环节的婚服之一。所以选择含蓄、不过分张扬的、与东方神韵一致的造型才能彰显出中式婚礼旗袍的魅力。

▲ 图5-5

▲ 图5-6

二、中式新娘妆造型的特点

传统中式新娘服饰一般以红色为主，正红是中国人彰显喜庆欢愉的标志色，象征着喜庆、吉祥和热烈，妆面及造型着重体现新娘华贵、温婉韵味，柔美及喜庆的美感。

一、中式新娘化妆造型前准备工作

（一）工作准备

1. 帮新娘准备好待穿的中式礼服，头饰、耳环等饰品整齐统一摆放在工作台上备用。

2. 化妆用品用具摆放整齐，放到自己随手可以拿到的地方。

3. 为新娘换下婚纱，拆下饰品，引领其到化妆的位置上，在其胸前围好毛巾或围布，以免弄脏衣服。

（二）化妆准备

为避免换装、改妆浪费太多时间，造型师需要提前准备好带有卸妆水的化妆棉（图5-7），随时对眼影及口红进行卸妆。

▲ 图5-7

二、化妆造型

步骤一　肤色的修饰

婚礼中婚纱造型转变成中式化妆造型的时间非常有限，所以在底妆肤色的处理上不能进行重新打底，只能在原来底妆的基础上进行适当的补妆，在补妆的时候一定要仔细，对脱妆厉害的部位用点、拍的方式进行，以防破坏原有底妆（图5-8）。

▲ 图5-8

（一）产品及工具的选择

吸油纸、棉棒、防晒粉饼、气垫粉底、滋润型粉底液、亚光定妆粉、珠光定妆粉（图5-9）；粉刷、粉扑、棉片、棉签（图5-10）。

▲ 图5-9

▲ 图5-10

（二）操作步骤

1. 吸油

补妆阶段需要先吸油、吸汗，把面部多余的油脂和汗液吸干净。

2. 粉底涂抹

用海绵或粉扑将粉饼或粉底涂抹在需要补妆的部位（图5-11）。

3. 定妆

选用粉扑，适量蘸取定妆粉在粉底涂抹

▲ 图5-11

处轻拍，再蘸取少许定妆粉，在面部进行整体定妆固定妆容，保持妆面干爽。

4. 检查

检查底妆是否有遗漏的地方，补妆后脸部是否因太干出现干纹。

（三）注意事项

1. 补妆的底妆颜色要与原本的肤色自然融合。

2. 鼻翼与T字部位易出油、脱妆，需要重点关注。

3. 细节部分的处理要检查。

步骤二　眼部的修饰

换成中式服装后，眼部的修饰主要在眼影位置，眼影需要与服装色进行搭配，使用浅浅的粉红、水蜜桃红、珊瑚红、橙红等暖色与棕色叠加晕染，并用米黄、浅金色眼影在眼球、眉骨处提亮，增强眼部立体感（图5-12）。同时还需检查假睫毛是否脱胶、眼线是否有晕染等现象，如果出现马上进行修补。

（一）产品及工具的选择

眼部化妆常用的眼部产品：水状眼线笔、睫毛膏、睫毛胶、眼影（图5-13）；睫毛夹、美目贴、眼线刷、粉扑、化妆棉、棉签、小剪刀、睫毛胶（图5-14）。

▲ 图5-12

（二）操作步骤及要领

1．晕染眼影

可以先用棉花棒蘸去微量的乳液（也可用散粉代替乳液），以滚动的方式把眼影轻轻拭擦一层，选深棕色加橙红、砖红等暖色进行叠加晕染，加重、加浓眼影对比效果（图5-15）。

2．描画眼线

中式新娘妆的眼线根据新娘眼睛形状选择是否在原来眼线基础上适当拉长，拉长眼线能增加复古韵味，符合中式新娘造型特点（图5-16）。

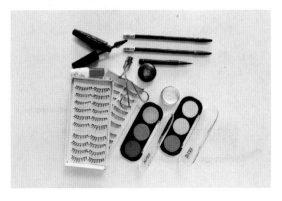

▲ 图5-13

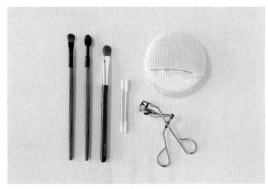

▲ 图5-14

▲ 图5-15

▲ 图5-16

3. 睫毛的修饰

检查假睫毛是否翘开，如有可以轻点一些胶水在假睫毛根部，重新贴合假睫毛。

（三）注意事项

眼部的修饰重点要放在眼影、眼线上，增强眼影颜色层次，眼线适当加长，体现中式复古韵味。

步骤三　眉毛的修饰

中式新娘妆的眉毛在以自身眉型为基准的基础上进行加浓、加粗，以平缓微扬的直眉较为适合（图5-17）。

（一）产品及工具的选择

眉粉、眉笔（图5-18）；眉刷、眉梳、粉扑、棉签、化妆棉（图5-19）。

▲ 图5-17

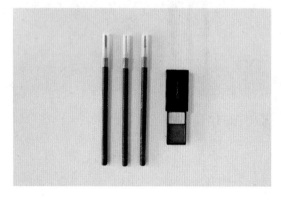

▲ 图5-18

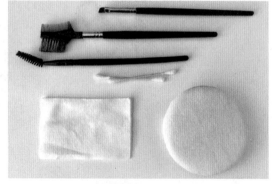

▲ 图5-19

（二）操作步骤

根据中式服装的颜色选择适合的眉型修饰产品，用眉刷蘸取适量的眉粉，在原有眉型的基础上描画出微扬的平直眉型，再用深灰色眉笔加深眉色，增强眼妆立体感。

（三）注意事项

眉色要根据服装配色的对比度进行比较，服装中的颜色对比度强，眉色也可适当加强，但切记不可由于颜色深导致眉毛有生硬感。眉毛两头柔和，上、下要有虚实感。

唇部在中式新娘妆中是最值得突出的部位，唇红色与服装色、眼影色搭配和谐，不能过于夸张，用正红、橘红等抹亮唇部突出新娘的喜庆、蜜意柔情和温婉端庄，唇妆须化得丰润饱满，可先用同色系的唇线勾勒出唇型，再涂上具有膨胀感的浅红色唇膏、退缩感的深红色唇膏增加唇部立体感（图5-20）。

▲ 图5-20

（一）产品及工具的选择

唇彩、唇膏、唇蜜（图5-21）；唇刷、粉扑、棉签、化妆棉（图5-22）。

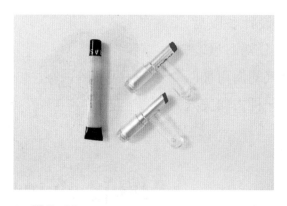

▲ 图5-21

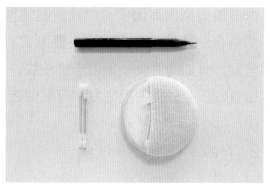

▲ 图5-22

（二）操作步骤

1. 用棉签擦除原有唇色，用润唇膏薄薄打底。

2. 根据新娘的服装色调涂抹正红色系口红。

3. 在唇的外轮廓涂相应浅色系口红。

4. 唇部上、下内轮廓局部加深颜色。

（三）注意事项

1. 根据中式造型整体化妆风格选择唇色与描画唇型。

2. 唇部边缘线条干净整洁。

3. 唇色过渡自然，唇型要对称。

中式新娘妆的面颊由于换妆时间短，妆容特点只需珍珠光泽的淡粉腮红，只需轻扫双颊，柔和、弱化腮红颜色更能突出新娘眼妆与唇妆，达到以退为进的效果。

（一）产品及工具的选择

婚礼中腮红补妆最适合用粉状腮红、腮红刷。

（二）操作步骤

根据新娘脸型用腮红修饰面部轮廓，中式新娘妆腮红只需浅淡的效果。

步骤六　发型造型（图5-23）

1. 发型

由于换造型时间因素，中式新娘发型的设计多以盘、编手法结合的盘发发型为主，主要形式有中分刘海盘发、对称盘发。有刘海的盘发则以手推波纹、空气刘海再加以低发髻盘发，中式复古盘发发型可以塑造出一种古典美人的气质。

2. 饰品

（1）凤冠

凤冠是中国古代妇女首饰中最华贵的一种装饰，是汉族女子婚服的首服，是古代女子最高品级的头饰。明朝定制：凡遇大典，皇后冠用九龙四凤三博鬓（左右共六扇）、皇太子妃则用九翠四凤双博鬓（左右共四扇），行走时帽子两侧的帽扇会展开。

▲ 图5-23

（2）步摇

步摇是古代妇女的一种首饰，取其行步则动摇，名字由此而来。步摇是古代妇女附在发簪与发钗上的一种首饰。其制作多以黄金制成龙凤等形，上面加以珠玉点缀。式样随着朝代发展不断丰富，呈鸟兽花枝状等，晶莹辉耀，与钗相混杂，簪于发上。

（3）发钗

发钗是由两股簪子交叉组合成的一种首饰。用来绾住头发，也有人会用它把帽子别在头发上，发钗与发簪是有区别的，发簪做成一股，而发钗一般做成两股。

（4）发簪

簪，是由笄发展而来的，是古人用来绾定发髻或冠的长针，可用金、玉、牙、玳瑁等制成。后来专指妇女绾髻的首饰。簪头的雕刻有植物形、动物形、几何形、器物形等，造型多样，其图案多具有吉祥寓意。

步骤七　补妆环节（图5-24）

完成了中式化妆造型后，新娘就可以去婚礼现场宴会厅向亲朋敬酒答谢了，敬酒过程中新娘需要饮用酒水，所以造型师需跟随在新娘后面，时刻注意新娘妆容，特别是唇妆。如果敬酒过程中新娘面部有出油、出汗现象，要及时用定妆粉进行补救。

▲ 图5-24

考核评价

中式新娘妆化妆造型设计考核标准及评分表

序号	考核内容	评价标准	得分
1	换造型前准备工作	（1）自身形象得体，产品、工具清洁干净。（3分） （2）服装、饰品摆放整齐（2分）	
2	肤色修饰	（1）能有效处理面部吸油、吸汗问题。（3分） （2）粉底涂敷均匀、自然、透明。（4分） （3）补妆粉底衔接自然（3分）	
3	眼部的修饰	（1）眼影位置正确，起到修正效果。（3分） （2）色彩晕染柔和。（3分） （3）色彩搭配协调。（3分） （4）眼线描画柔和、干净。（3分） （5）假睫毛自然、真实（3分）	
4	眉毛的修饰	（1）眉型设计符合妆型要求。（5分） （2）描画立体、自然。（3分） （3）符合脸型（2分）	
5	唇部的修饰	（1）唇型清晰。（1分） （2）描画立体。（1分） （3）唇型饱满。（1分） （4）唇型设计有矫正作用。（5分） （5）色彩与妆型整体协调（2分）	

序号	考核内容	评价标准	得分
6	颊红的修饰	（1）位置正确，达到修饰脸型的效果。（2分） （2）过渡自然、透明。（2分） （3）色彩协调（1分）	
7	发型造型	（1）发型设计符合命题要求。（5分） （2）发式造型有新意。（5分） （3）发型适于脸型。（5分） （4）发式饰物与发型协调。（5分） （5）轮廓饱满，外形整洁（5分）	
8	整体造型	（1）新娘妆有创新。（5分） （2）整体符合设计要求。（5分） （3）妆面与服装协调、统一（5分）	
9	清理场地	（1）整理现场产品及工具，清理工作桌面。（3分） （2）整理婚纱饰品，摆放整齐（2分）	
评分人		合计	

婚礼化妆——
中式造型

任务六　礼服新娘妆化妆造型设计

[任务描述]

小王穿着婚纱与中式服装完美地完成了婚礼和敬酒仪式。接下来是晚宴答谢仪式，她希望在晚宴答谢仪式中展示迷人、美艳的一面，所以为自己准备了晚礼服，请在晚宴前对新娘进行换装、换发型、改妆容造型（图6-1）。

[学习目标]

1. 知识目标

熟悉礼服新娘化妆造型特点，礼服造型的换妆流程。

2. 能力目标

能根据礼服造型结合婚庆场地环境等因素，在规定时间内完成礼服新娘化妆造型的发型、妆容改造。

3. 素养目标

培养随机应变、解决问题的能力，提升造型艺术的审美能力；培养吃苦耐劳的精神。

▲ 图6-1

知识准备

一、化妆色彩基础知识

色彩基础

"形"与"色"是造型艺术的两大基本要素。物体视觉形象的形成，主要取决于物体的形状与色彩。作为造型师，应当了解色彩基本知识，理解色彩的原理及规律，培养对色彩的美感，学会运用色彩进行造型。

（一）色彩的分类

色彩有两种分类方法，根据一般惯例，可分为无彩色系和有彩色系两大类。在色环上，将色相分为冷色系、暖色系两大类。

1. 一般惯例的色彩分类

（1）无彩色系

无彩色系指黑色、白色及深浅不同的灰色。

（2）有彩色系

有彩色系指红、橙、黄、绿、青、蓝、紫以及各色所衍化而产生的其他各种色彩。

2．色环中的色彩分类

这种分类是从日常生活中的联想与感觉而来的（图6-2）。

（1）冷色系

色环中的蓝、紫等色使人感觉到寒冷，称为冷色。

（2）暖色系

色环中的红、橙、黄等色使人感到温暖，称为暖色。

色彩的冷暖不是绝对的，而是相对存在的，同一色相也有冷、暖之分。如柠檬黄与蓝色相比，柠檬黄是暖色，而它与中黄相比则显得较冷。

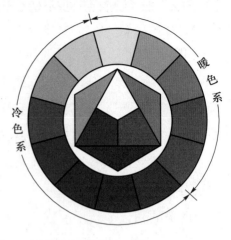

▲ 图6-2　色环

（二）色彩三要素

认识各种不同的色彩，最基本的前提是必须了解色彩的基本要素。每一种色彩都具有三种重要的性质，即色相、明度及纯度，也称为色彩的三要素。

▲ 图6-3　色相

1．色相（图6-3）

色相指色彩的相貌，用以区别不同的色彩。色相的范围相当广泛，光谱上红、橙、黄、绿、青、蓝、紫七色，通常用来当作基础色相，但是人们能分辨的色相，不仅只有这七种颜色，还有如红色系中的紫红、橙红；绿色系中的黄绿、蓝绿等色彩。

（1）三原色（图6-4）

原色也称第一次色，指能调配出其他一切色彩的基本色。颜料的三原色为红、黄、蓝。将三原色按照不同的比例调配，可以混合出无数的色彩。

（2）三间色（图6-5）

间色也称第二次色，是由两种原色混合而成的。如红与黄相混合成橙色，黄与蓝相混合成绿色，红与蓝相混合成紫色。

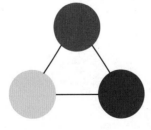　　　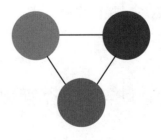

▲ 图6-4　三原色　　　▲ 图6-5　三间色

（3）复色

复色指两种间色相加而成的色彩，色彩相加的种类越多，得到的色彩就越多。

2．明度

明度指色彩的明暗程度，也就是色彩的深浅、浓淡程度（图6-6）。一种颜色，按其广度的不同，可以区别出许多深浅不同的颜色。从浓到淡、由深到浅按不同明度依次排列，称为色阶。七种色彩的明度次序为：黄色明度最高，橙、绿色次之，然后是红、青色，明度最低的为蓝、紫色。

3．纯度

纯度指色彩鲜艳、饱和及纯净的程度。任何一个纯色都是纯度最高的，即色彩的饱和度最高。色彩越纯，饱和度越高，色彩越艳丽。纯度高的色彩加入白色会提高它的明度，加入黑色则会降低它的明度，但二者都降低了色彩的纯度（图6-7）。

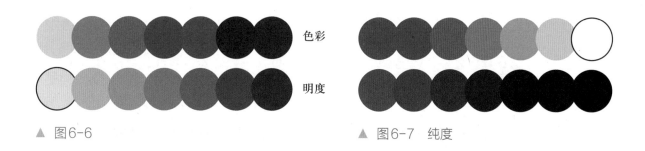

色彩

明度

▲ 图6-6

▲ 图6-7　纯度

（三）色彩心理

1．色彩的性质

色彩不同，其给人的感受也不同，于是面对不同的颜色，人们就会产生冷暖、明暗、轻重、强弱、远近、胀缩、大小等不同心理反应。

2．色彩的冷与暖

绿、蓝、紫色能给人以文静、清凉近似于冷的感受，而红、橙、黄色能给人以热烈、温暖、兴奋近似于暖的感受。在冷色、暖色之间也有一种给人不太冷与不太热的中间色，如色相环中的黄绿、紫红色。冷、暖色也有层次关系，有的偏冷，如紫红、柠檬黄、蓝紫色，有的偏暖，如橘红、橘黄、黄绿色。冷、暖关系是在色相相互比较中产生的。

3．色彩的轻与重

色彩本无轻重感差别，是由于不同的色彩刺激人体视觉系统，使人产生轻或重的心理感受或联想，色相的饱和度和明度是决定色彩轻重感的主要因素，色相饱和度高、明度低的色彩感觉重；色相饱和度低、明度高的色彩感觉轻。白色给人最轻、黑色给人最重的感觉。从色彩的冷暖上看，暖色给人轻的感觉，冷色给人重的感觉。

色彩中的冷与暖、轻与重、远与近、胀与缩，以及色彩的明与暗、强与弱，说明色彩的性质。而冷与暖等色彩性质也是人体心理和视觉情绪上的反应，是一种感觉的对比，这种色彩的对比有强烈的视觉效果，极富有感染性。

4. 色彩的感觉

色彩的感觉能激起人们的心理活动并引起快感、产生美感。

红色调给人热情、感性、权威、生动之感。人们用它来表达火热、活力等信息。

蓝色调给人冷静、博大、崇高、透明、凉爽、理智之感。人们用它来表达未来、高科技、思维等信息。

黄色调给人温暖、阳光、智慧、愉悦之感。人们用它来表达阳光、丰收、注意等信息。

绿色调给人清新、平和、健康、安全、舒适之感。人们用它来表达生长、生命、安全等信息。

橙色调给人兴奋、饱满、活力、明亮之感。人们用它来表达明快、活力、热闹等信息。

紫色调给人高贵、典雅、梦幻、浪漫之感。人们用它来表达未来、高科技、神秘等信息。

黑色调给人炫酷、时尚、忧郁、神秘之感。人们用它来表达寂静、压抑、隐藏等信息。

二、礼服新娘妆造型的特点

婚礼礼服是在婚礼答谢晚宴时穿着的，与社交晚宴的有所区别，婚礼礼服整体视觉效果更加绚丽夺目，款式剪裁更加新潮，造型上更加夸张、隆重。让新娘与众不同，犹如最闪亮的一颗星。由于服装以及场合的不同，礼服造型整体展现华丽、性感、动人、复古的形象，妆容上色彩感较为浓烈，色彩质感更加细腻绚丽，层次感分明；发型以盘发居多，发型轮廓饱满，线条感强。

任务实施

一、礼服新娘妆化妆造型前准备工作

（一）工作准备

1. 帮新娘准备好待穿的晚宴礼服，头饰、耳环等饰品整齐统一摆放在工作台上备用。

2．化妆用品用具摆放整齐，放到自己随手可以拿到的地方。

3．为新娘换上礼服，带新娘到化妆的位置上，在新娘胸前围好毛巾或围布，以免弄脏衣服。

（二）化妆准备

为避免换装、改妆浪费太多时间，造型师需要提前准备好带有卸妆水的化妆棉（图6-8），以便随时对眼影及口红进行卸妆。

▲ 图6-8

二、化妆造型

步骤一　肤色的修饰

婚礼当天，新娘经过婚纱造型、中式造型，忙碌一整天，没有太多时间停下来休息，待换礼服造型的时候，新娘妆容易出现干燥、浮粉、脱色等情况，造型师需要再一次进行补妆。

▲ 图6-9

底妆出现干燥、浮粉现象时，需要用少量补水喷雾喷湿该区域，用吸水性强的面巾轻压吸走，给底妆补水。底妆出现脱妆现象，则需要用浸湿的化妆海绵蘸取适量粉底霜以点压、按压的方法补妆，使底妆重新焕发光彩（图6-9）。

（一）产品及工具的选择

保湿喷雾、吸油纸、棉棒、防晒粉饼、气垫粉底、滋润型粉底液、亚光定妆粉、珠光定妆粉；海绵、粉扑、棉片、棉签。

（二）操作步骤

1．吸油

补妆阶段需要先吸油、吸汗，把面部多余的油脂和汗水吸掉。

2．保湿

用保湿喷雾进行整脸补水，用面巾吸附面部多余水分。

3．粉底涂抹

化妆海绵蘸取适量粉底霜以点压、按压的方法，在需要补妆的部位补妆。

4．定妆

大号粉扑蘸取适量不含油分、清透细腻的散粉稍做揉捻，快速进行全脸定妆，再次吸收油脂，用粉刷扫去残余的浮粉，即可使肌肤干爽清新。

5．检查

检查底妆是否有遗漏的地方，补妆后是否有粉底堆积，边缘过渡不均匀现象。

（三）注意事项

1．补妆的底妆颜色要与原本的肤色自然融合。

2．鼻翼与T字部位易出油、脱妆，需要重点关注。

3．细节部分的处理要检查。

步骤二　眼部的修饰

换成礼服后，妆容的重点刻画就是眼影的刻画与修饰，礼服造型的特点要求眼影浓艳、绚丽；眼线、睫毛也需要适度夸张地展现出来。用米黄、浅金色眼影在眼球、眉骨处提亮，增强眼部立体感（图6-10），同时还需检查假睫毛是否有脱胶，眼线是否有晕染等现象，如有要马上修补。

▲ 图6-10

（一）产品及工具的选择

眼部化妆常用眼部产品：水状眼线笔、睫毛膏、睫毛胶、眼影（图6-11）；睫毛夹、美目贴、眼线刷、粉扑、化妆棉、棉签、小剪刀、睫毛胶（图6-12）。

（二）操作步骤及要领

1．晕染眼影

可以在原有的眼影基础上进行加深，选取珠光眼影进行渐变层次的叠加晕染，加重、加浓眼影对比效果，小烟熏的晕染手法非常适合礼服新娘妆（图6-13）。

2．描画眼线

在中式新娘妆眼线拉长处理的基础上稍做调整（图6-14）。

▲ 图6-11

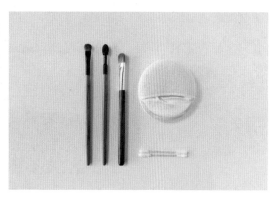

▲ 图6-12

▲ 图6-13

▲ 图6-14

3. 修饰睫毛

加长睫毛长度来调整眼妆，有助于增强眼妆在妆容中的突出效果，选择交叉型、较长的假睫毛进行重新贴合。

（三）注意事项

眼部的修饰重点要放在眼影、睫毛上，眼影颜色增强层次，睫毛增加长度，增加眼妆的张力，突出整个妆容的亮点。

───── 步骤三　眉毛的修饰 ─────

礼服新娘妆的眉毛要根据整体妆容、造型、服装整体的对比度来确定，整体效果越夸张眉毛刻画越张扬（图6-15）。

（一）产品及工具的选择

眉粉、眉笔（图6-16）；眉刷、眉梳、粉扑、棉签、化妆棉（图6-17）。

▲ 图6-15

▲ 图6-16　　　　　　　　　　　　　▲ 图6-17

（二）操作步骤

根据整体妆容的效果对比度来选择适合的眉型、眉色等。用眉刷蘸取适量的眉粉，在原有眉型的基础上描画出上扬眉型，再用眉笔以深灰色加深眉色，增强眼妆立体感。

（三）注意事项

眉色要根据服装配色的对比度确定，服装颜色对比度强，眉色也可适当加强，但切记不可由于色深导致眉毛有生硬感。眉毛两端柔和，上、下要有虚实感。

步骤四　唇的修饰

唇的修饰在礼服新娘妆中是重点刻画和突出的部位，唇的色调要与服装的色调相统一，暖色系礼服用暖色系口红，冷色系礼服用冷色系口红（图6-18）。

（一）产品及工具的选择

唇彩、唇膏、唇蜜（图6-19）；唇刷、粉扑、棉签、化妆棉（图6-20）。

▲ 图6-18

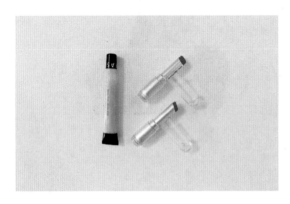

▲ 图6-19

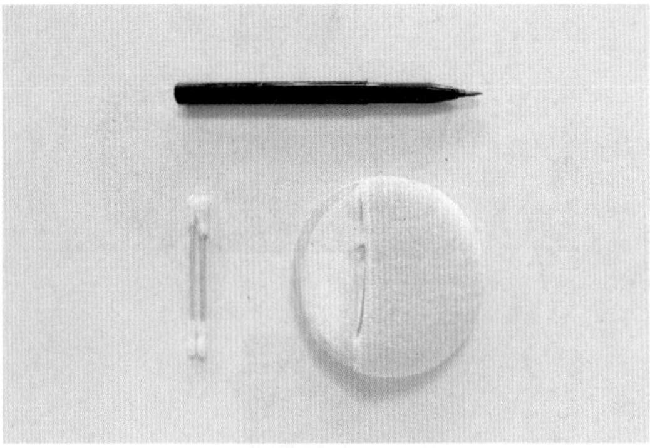

▲ 图6-20

（二）操作步骤

1. 用棉签擦除原有唇色，以润唇膏薄薄打底，再用粉底轻拍唇部，除去原有的唇色。

2. 根据新娘的服装色调涂抹红色系口红。

（三）注意事项

1. 根据礼服新娘造型整体化妆风格选择唇色与描画唇型。

2. 唇部边缘线条干净整洁。

3. 唇色过渡自然、唇型要对称。

步骤五　面颊的修饰

礼服新娘妆的面颊用浅淡、柔和的颜色进行小面积晕开，衬托眼妆与唇妆的浓艳。

（一）产品及工具的选择

粉状腮红、腮红刷。

（二）操作步骤

根据新娘脸型用腮红修饰面部轮廓，礼服新娘妆腮红需要浅淡、柔和的效果，用散粉加粉状腮红可以减弱颜色，起到柔和的效果。

步骤六　发型造型（图6-21）

(1)　　　　　　　　　　(2)

(3)

▲ 图6-21

1. 发型

礼服新娘的发型制作有充足的时间，在发型设计与制作的时候可以充分发挥想象进行设计，当下新娘所追求的蓬松时尚盘发的设计多以盘、编手法结合的盘发发型为主，主要形式有中分刘海盘发、对称盘发。有刘海的盘发则以手推波纹、空气刘海再加低发髻盘发，中式复古盘发发型可以塑造一种古典美人的气质。

2. 饰品（图6-22）

礼服的饰品选用要起到画龙点睛的作用，要注重饰品的质感，颜色协调，做工精细，款式上无特定要求。饰品与发型风格要统一，与服装色调相协调。

▲ 图6-22

　　完成了礼服化妆造型后，新娘就可以去婚礼晚宴上向亲朋敬酒答谢了，同样，在敬酒过程中造型师需时刻注意新娘妆容，及时进行补妆（图6-23）。

▲ 图6-23

考核评价

礼服新娘妆化妆造型设计考核标准及评分表

序号	考核内容	评价标准	得分
1	换造型前准备工作	（1）自身形象得体，产品、工具清洁干净。（3分） （2）服装、饰品摆放整齐（2分）	
2	肤色修饰	（1）能有效进行面部吸油、吸汗。（3分） （2）粉底涂敷均匀、自然、透明。（4分） （3）补妆粉底衔接自然（3分）	
3	眼部的修饰	（1）眼影选色准确，效果显著。（3分） （2）色彩晕染柔和。（3分） （3）眼影色彩与妆容和谐，与服装搭配协调。（3分） （4）眼线描画流畅、柔和、干净。（3分） （5）假睫毛自然、真实（3分）	
4	眉毛的修饰	（1）眉型设计符合整体妆型要求。（5分） （2）描画立体、自然。（3分） （3）符合脸型（2分）	
5	唇部的修饰	（1）唇型清晰。（1分） （2）描画立体。（1分） （3）唇型饱满。（1分） （4）唇型设计有矫正作用。（5分） （5）色彩与妆型整体协调（2分）	

序号	考核内容	评价标准	得分
6	颊红的修饰	（1）位置正确，达到修饰脸型的效果。（2分） （2）过渡自然、柔和。（2分） （3）色彩与妆容协调（1分）	
7	发型造型	（1）发型设计符合命题要求。（5分） （2）发式造型有新意。（5分） （3）发型适合脸型。（5分） （4）发式饰物与发型协调。（5分） （5）轮廓饱满、外形整洁（5分）	
8	整体造型	（1）礼服妆容有创新。（5分） （2）整体妆容符合设计要求。（5分） （3）发型妆面与服装协调、统一（5分）	
9	清理场地	（1）整理现场产品及工具，清理工作桌面。（3分） （2）整理礼服饰品，摆放整齐（2分）	
评分人		合计	

婚礼化妆——
礼服造型

单元三

摄影妆化妆造型设计

[单元导读]

　　一个完美的化妆造型是摄影创作的基础和前提，可以更好地激发摄影师的创作灵感。因此，摄影作品必须达到光影、环境、妆面、饰品与服装的和谐统一。造型师在进行造型设计之前要根据所拍摄的内容和造型风格对化妆对象进行整体或局部的修饰，了解所要拍摄照片的主题及风格，结合化妆对象的自身条件及个性特征，准确熟练地进行化妆造型。

[单元目标]

　　1. 知识目标

　　掌握摄影妆容的特点，完成整体摄影妆容工作任务。

　　2. 能力目标

　　结合化妆对象的特点及拍摄要求，完成相应的摄影妆容及服装搭配。

　　3. 素养目标

　　熟练掌握摄影化妆流程，按照正确的操作步骤，完成摄影妆整体化妆造型；运用规范的服务语言接待顾客并进行有效的沟通，具有良好的专业素养。

[工作流程]

　　服务规范→接待咨询→妆前准备工作→妆面五官修饰→发型设计→送顾客，整理服务区

任务七 证件照摄影妆化妆造型设计

[任务描述]

随着时代的发展，越来越多的人都摒弃了原本呆板的证件照，而是去专业的摄影机构拍摄证件照。证件照的拍摄已经成了现在普遍的选择。小王马上大学毕业，面临求职，她准备拍一些证件照以便以后求职需要，请为她设计一款适合拍照的妆容吧（图7-1、图7-2）。

▲ 图7-1

▲ 图7-2

[学习目标]

1. 知识目标

熟悉证件照化妆造型的工作流程；了解矫正化妆原理在摄影化妆中的运用。

2. 能力目标

能根据造型对象自身特点及需求制定化妆方案；根据制定方案为顾客挑选适合的服装及饰品并完成搭配。

3. 素养目标

能准确地运用规范和专业的服务用语接待顾客并进行有效沟通；具备造型师应有的观察、分析、设计及现场应变能力。

知识准备

一、证件照的特点

随着时代的发展，大众对个人形象越来越重视，证件照也越来越受大众青睐。证件照妆容最后是以图像的形式呈现出来，这跟我们平时肉眼可见的妆面是有所差别的。数码相机所拍摄的画面非常清晰，所以摄影光线要柔和、亮丽，以适应清晰度高的数码摄影。鉴于以上因素，自然、淡雅、体现皮肤质感是摄影证件照的特点。

二、化妆基础知识

（一）矫正化妆的基本原理

矫正化妆有广义和狭义之分，广义的矫正化妆指通过发型、服装颜色及款式、服装及化妆等手段对人物进行总体的调整，矫正化妆赋予人物生命力，起到美化形象的作用，是矫正化妆的最高境界。狭义的矫正化妆指在了解人物特点及五官比例的基础上，利用线条及色彩明暗层次的变化，在面部不同的部位制造视错觉，使面部优势得以发扬和展现，缺陷和不足得以改善，是造型师所掌握的最基本的技能。

"错视"指人们根据过去的认识和经验主观地对物体形态进行判别，因此这种判断有时和客观事实不符。在矫正化妆中利用错视现象修正不理想的脸型，如在面部过于饱满的部位涂暗色，在过于凹陷或不够饱满的部位涂亮色，通过明暗色的运用，使脸型的不足之处得到弥补。

在矫正化妆中，关键要掌握标准的五官比例，从基础上找平衡。当我们仔细观察每个人的面部时会发现，人的面部五官都存在着微小的差异，如双眉高低不一致，两眼大小不同，左、右脸不对称。因此，造型师在化妆时要熟练运用化妆技巧进行矫正，尽量使五官接近标准比例，从而最大限度地展现出顾客的美感。

（二）矫正化妆基本依据——"三庭五眼"

自古以来，椭圆脸型和比例匀称的五官一直被公认为是理想的标准。简单地说，就是"三庭五眼"，这样的比例完全符合人体面部五官外形的比例，这对化妆有着重要的参考价值，是造型师矫正化妆的基本依据。

"三庭"指脸的长度标准，即由发际线到下颏分为三等份。"上庭"指发际线至鼻根，"中庭"指从鼻根到鼻尖，"下庭"指从鼻尖到下颏，它们各占脸部长度的1/3。

"五眼"指脸的宽度标准。以眼睛长度为标准，把面部的宽分为五等份。两眼的内眼角之间的距离是一只眼的长度，两眼的外眼角延伸到耳孔的距离又是一只眼的长度。

从"三庭五眼"的比例标准可以得出以下结论："三庭"决定脸的长度，"五眼"决定脸的宽度。

（三）矫正化妆的手段

脸型的修正主要是通过粉底、腮红和对眉、眼、唇等的修饰，改变原有脸型的不足。

一、服务规范

（一）形象要求（图7-3）

1.着装要求

着装符合造型师的工作特点，大方得体，给人以专业的感觉，裙装一般不宜过短，整体着装体现职业特点。服装颜色不宜为黑色，否则影响整体造型。

2.仪容要求

作为一名优秀的造型师，首先要注意自身的妆容及形象，化淡妆给人一种和蔼、健康、有亲和力的感觉，发型整洁、干练、适合工作。

3.工作能力

要求造型师具有较强的沟通能力，思路清晰，语言表达能力强，能够及时地发现工作中的问题并圆满地解决。

▲ 图7-3

4.专业素养

造型师应具有良好的专业化妆知识和化妆技巧。

（二）造型师的坐姿

由于造型师的工作量较大，为减少体力消耗，提高化妆质量，在为顾客化妆时，可选用坐姿。就座时要面向顾客，坐椅面的2/3。保持标准坐姿，不要有跷二郎腿等不礼貌行为。

二、接待顾客，填写设计方案

1.造型师在拍照的前一天根据前台的拍照预约档案，了解顾客的基本信息，如拍摄时间、拍摄内容、拍摄张数、服装套数。与顾客进行电话沟通，告知其拍照注意事项，如洗发、拍照当天不要佩戴饰品。

2.造型师进行自我介绍。自我介绍时语速适中、语气缓和、面带微笑，给顾客亲和感。

3.为顾客讲解拍摄流程，介绍店中化妆间、摄影棚、服装间等相应位置，带顾客熟悉环境，消除陌生感。

4．造型师从接待人员处将顾客引领到化妆区域，与顾客沟通，根据顾客的自身条件及要求，为顾客制定相应的化妆造型方案，并在沟通后得到确认信息。

5．填写顾客档案：为了提高服务品质，在服务中需要填写顾客档案，用于记录顾客的信息及拍摄当天的服务状态及质量（表7-1）。

表7-1　顾客档案

顾客姓名	先生 女士	系列	联单号
拍摄时间	月　　日　　时	美容师	
先生：同意拍不露齿请签名　　　　　　　　　/同意拍不笑请签名			
女士：同意拍不露齿请签名　　　　　　　　　/同意拍不笑请签名			
备注			
造型师姓名　　　　　顾客对化妆满意请签名			
1．礼服　　　　　　　　顾客满意请签名 造型师　　　　　　　　顾客对此套服装的发型满意请签名 摄影风格：端庄典雅□　传统大方□　浪漫新潮□　活泼俏皮□　综合格调□ 棚摄影后期处理			
2．礼服　　　　　　　　顾客满意请签名 造型师　　　　　　　　顾客对此套服装的发型满意请签名 摄影风格：端庄典雅□　传统大方□　浪漫新潮□　活泼俏皮□　综合格调□ 棚摄影后期处理			
3．礼服　　　　　　　　顾客满意请签名 造型师　　　　　　　　顾客对此套服装的发型满意请签名 摄影风格：端庄典雅□　传统大方□　浪漫新潮□　活泼俏皮□　综合格调□ 棚摄影后期处理			
4．礼服　　　　　　　　顾客满意请签名 造型师　　　　　　　　顾客对此套服装的发型满意请签名 摄影风格：端庄典雅□　传统大方□　浪漫新潮□　活泼俏皮□　综合格调□ 棚摄影后期处理			
5．礼服　　　　　　　　顾客满意请签名 造型师　　　　　　　　顾客对此套服装的发型满意请签名 摄影风格：端庄典雅□　传统大方□　浪漫新潮□　活泼俏皮□　综合格调□ 棚摄影后期处理			
6．礼服　　　　　　　　顾客满意请签名 造型师　　　　　　　　顾客对此套服装的发型满意请签名 摄影风格：端庄典雅□　传统大方□　浪漫新潮□　活泼俏皮□　综合格调□ 棚摄影后期处理			

三、化妆前准备工作

（一）工作准备

1．用品、用具准备

根据所要设计的妆容，准备相应的化妆及造型用具，物品摆放整齐，与顾客沟通是否需要使用一次性的粉扑、唇刷。

2．挑选服装

带顾客到服装区挑选所要拍照的服装，用专业的知识给顾客提出建议并确定。

3．引领顾客就位

引领顾客到化妆区坐好，用发卡将顾客的头发固定，避免碎发影响化妆，为顾客在胸前围上围布或毛巾，以免弄脏服装。

（二）化妆准备

1．修眉

（1）清洁眉毛周围皮肤。

（2）根据顾客眉型特点，与顾客沟通确定眉型。

（3）选用电动修眉器进行修眉：在摄影化妆中，选用电动修眉器修眉可以避免皮肤红肿，否则影响化妆效果。

2．清洁皮肤

将化妆水倒在化妆棉片上，为顾客面部进行清洁，擦拭掉脸上的粉尘，用喷壶将化妆水均匀地喷在脸上给皮肤补充水分。

3．涂润肤产品，滋润皮肤。

4．涂抹定妆液。

5．根据所要拍摄场景的需要，选择相应的隔离产品隔离彩妆，保护皮肤。

> **修 眉 技 法**
>
> 　剃眉法：造型用具是修眉刀，将皮肤绷紧，修眉刀与皮肤的角度小于45°，将眉毛齐根剃除。
>
> 　拔眉法：造型用具是镊子，将皮肤绷紧，用镊子夹住眉毛根部，按照眉毛的生长方向一根一根地快速拔除。
>
> 　剪眉法：造型用具是小剪刀，梳理眉毛后使用小剪刀对过长的眉毛进行修剪。

四、化妆造型

证件照的特点是薄、润、自然，体现肤色质感是证件照底妆摄影的修饰重点。在现在的证件照摄影中，不再选择质地厚重的膏状粉底，取而代之的是质地轻薄、水润、遮盖力强的液体粉底，更能体现出肤质感。如面部有皱纹及瑕疵，可运用数码技术进行后期处理（PS）。拍摄证件照时正面会有平面光源直射面部，弱化面部立体感，所以在画底妆时要增强立体感的塑造，定妆的处理也非常重要，要根据顾客的肤质及拍摄环境进行选择，如皮肤毛孔粗大、长痘，都不适合珠光定妆粉（图7-4）。

▲ 图7-4

步骤一　肤色的修饰

（一）产品及工具的选择

哑光粉底、定妆粉、双色修容饼（图7-5）；粉底刷、粉扑、散粉刷、棉片、棉签（图7-6）。

▲ 图7-5　　　　　　　　　　　　　　　　▲ 图7-6

（二）操作步骤

1. 选用粉底刷蘸取适量的粉底液。
2. 使用粉底刷将粉底涂匀。
3. 选用大号的散粉刷蘸定妆粉进行定妆。
4. 调整面部轮廓，检查整体底妆效果。

证件照化妆
肤色修饰

（三）注意事项

1. 底妆服帖，没有卡粉、浮粉，遮瑕到位。

2. 使用化妆刷力度适中，不可让顾客感到不适。

3. 注意不要忽略细节部分，如嘴角、鼻翼处。

 注 释

定妆粉的作用

　　定妆粉可以将涂好的底妆进行固定，防止皮肤因油脂和汗腺分泌而引起脱妆现象，起到柔和妆面和固定妆色的作用，是保持妆面干净及底妆效果持久的关键产品。

　　在定妆粉的选择上，证件照一般选用肉色定妆粉，选择使用雾面定妆粉，避免使用珠光感定妆粉。

步骤二　眼部的修饰

　　拍摄证件照的化妆中，眼部的修饰在整个妆面中占据着最重要的地位。眼部位于证件照的中心位置，处于视觉中心点。通过观察顾客的眼部轮廓，进行眼部矫正修饰，两眼要左右对称，要表达出有神、灵动的特征（图7-7）。

▲ 图7-7

（一）产品及工具的选择

1. 产品的选择

　　哑光质地大地色系眼影，眉笔（黑色、棕色、灰色），眼线笔（化妆眼线笔、膏状眼线笔、水状眼线笔），睫毛夹，睫毛膏，假睫毛，睫毛胶（图7-8）。

2. 工具的选择

　　眼影刷、眼影棒、棉签、粉扑（图7-9）。

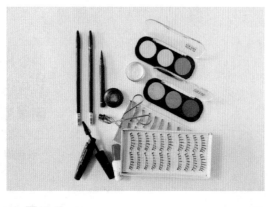

▲ 图7-8

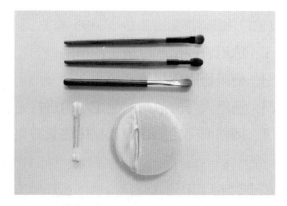

▲ 图7-9

（二）操作步骤及要领

1．晕染眼影

一般选用大地色系或暖色系眼影。根据顾客的自身条件及特点进行描画，可采用平涂层次法强调眼部结构，但要避免夸张，以免给人一种不自然的效果。

2．描画眼线

眼线在化妆时占有极其重要的地位，它能使眼睛由小变大，使眼神深邃，并可以矫正眼型，弥补眼部缺点，使眼睛生动迷人。

使用眼线膏或眼线笔在睫毛根部进行描画，根据顾客眼型特点做适当的调整，可适当地拉长。避免画很粗的外眼线，从而调整眼型。运用美目贴调整眼睛的大小和形状，从而达到标准眼型。

3．睫毛的处理

（1）夹睫毛使睫毛自然弯曲。

（2）在摄影证件照中多采用自然型、仿真型假睫毛，表现更加真实。

（3）用睫毛膏将真、假睫毛刷到一起，不要有断层感，使眉型真实自然。

（三）注意事项

眼影晕染过渡自然，颜色选择恰当，眼线线条流畅，假睫毛粘贴过渡自然。

美目贴的种类

1．胶布美目贴

常见的有无纺布美目贴和塑料胶带美目贴两种类型。无纺布美目贴支撑力不足，但不反光，隐形效果好。胶带美目贴支撑力好，但画上眼影后易反光。

2．纱网美目贴

纱网美目贴颜色为肉色，有很多网孔，自身无黏性，需搭配胶水使用。纱网美目贴隐形效果极好，常在影视拍摄等要求较高的场合使用。

步骤三　眉毛的修饰

眉毛是修饰脸型的关键要素，眉毛角度、粗细、颜色的变化都会影响脸型，证件照的眉毛描画一定要突出眉毛的自然生动，眉毛描画时需要根据眉毛生长方向一根一根地进行刻画，颜色一般不宜过重，以自然、柔和的眉型为佳（图7-10）。

（一）产品及工具的选择

1. 产品的选择

眉粉、眉笔（图7-11）。

2. 工具的选择

眉刷、眉梳、粉扑、棉签、化妆棉
（图7-12）。

▲ 图7-10

▲ 图7-11

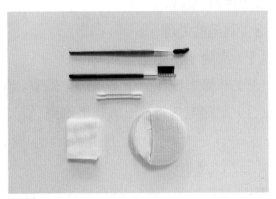

▲ 图7-12

（二）操作步骤及要领

根据发色选择相应的画眉产品，要根据眉毛的自然生长条件来确定眉型。可先用眉粉进行眉型的基础描画，再选用较细的眉笔在眉型不足之处进行精细的描画，为使眉毛更加生动、自然、有层次感，可以用两种不同颜色的眉笔进行处理。一般来讲，平直眉在拍摄证件照的运用中比较广泛。

（三）注意事项

1. 画眉持笔时手要稳，可用手腕抵在脸颊上作支撑点，同时手上要勾着粉扑。

2. 要顺着眉毛的生长方向描画，体现眉毛的真实感。

3. 画眉的要点在于：前虚后实，上虚下实，前轻后重，前粗后细。

4. 注意眉毛颜色与整体妆容的协调性。

眉毛与脸型的搭配

1. 标准脸

完美的脸型，适合各种不同的眉型。

2. 长形脸

长形脸的眉型可画得平缓一些，这样能较好地修饰脸型纵向的长度，但切记不要让眉毛出现下垂的状态。

3. 圆形脸

从整体上看，脸型呈横向发展，眉毛宜画得稍高挑一些，起到拉长脸型的作用。

4. 方形脸

面部的长宽比例接近且棱角分明，属于偏短的脸型，因此眉型在高挑设计的同时，要将眉峰处理得圆润、柔和一些。

5. 申字形脸

由于颧骨过于宽大，为使颧骨减弱，在修整眉型使眉尾略显上扬的同时，可将眉峰向眉尾方向移一些，以在视觉上扩宽脸的上部。

6. 由字形脸

由于腮部较大，眉型宜纵向发展，使眉眼展开，眉峰可向后靠一些，拉宽脸的上部，从视觉上减弱腮部的宽度。

7. 甲字形脸

甲字形脸是较为标准脸的脸型，一般无须过分地修饰，如额角过宽可将眉峰内收，且将眉毛画得略短一些。

步骤四 唇部的修饰

证件照的唇部修饰一般采用粉色偏水润的唇部彩妆产品（图7-13）。为了给人以温婉、柔美的形象，可以采用淡色系的唇膏、唇彩，唇部彩妆产品质地可水润一些，不要用厚重干燥的唇部产品，避免暴露唇纹，增加年龄感。

▲ 图7-13

（一）产品及工具的选择

1. 产品的选择

唇膏、唇蜜、唇彩（图7-14）。

2. 工具的选择

唇刷、粉扑、棉签（图7-15）。

▲ 图7-14

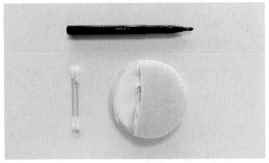

▲ 图7-15

（二）操作步骤

1. 矫正唇部轮廓。
2. 涂唇膏、唇彩。

（三）注意事项

1. 不要刻意强调轮廓，避免生硬感。
2. 线条流畅、匀称、对称。
3. 唇部色彩柔和、水润。

步骤五　面颊的修饰

证件照的颊红要根据整体妆容的特点进行设计。因证件照给人以正规、标准的形象，所以调整气色时，要给人自然健康的感觉，不可过于夸张（图7-16）。

（一）产品及工具的选择

1. 产品的选择

证件照可根据拍摄要求选择珊瑚色、粉红色、肉桂色、浅橘色的腮红（图7-17）。

2. 工具的选择

腮红刷、粉扑（图7-18）。

▲ 图7-16

▲ 图7-17

▲ 图7-18

（二）操作步骤及要领

修饰腮红注意面积不宜过大，注意色彩的过渡，不要有明显的痕迹，注意与脸颊轮廓线的衔接，自然、无生硬感。

注 释

腮红的种类及其使用方法

（1）膏状腮红。质地较密，色彩饱和度高，一般搭配海绵使用。把腮红涂在中心点后，用海绵慢慢将其延展开来。膏状腮红质地与皮肤接近，使用后可呈现出自然效果。

（2）液状腮红。质地轻薄水润，保湿能力好，一般使用海绵或手指涂抹，液状腮红涂抹时一定要注意，采取少量多涂、快速均匀的原则，液状腮红水润感强，可使皮肤具有光泽质感。

（3）霜状腮红。质地细腻柔滑，一般配合气垫海绵使用，注意要少量多次涂抹，具有遮瑕、提亮肤色的作用。

（4）粉状腮红。质地轻薄，分为哑光腮红和珠光腮红两种类型，一般配合刷子使用，涂抹方法易掌握，是最常用的产品。使用哑光腮红可呈现出自然效果，使用珠光腮红可呈现出皮肤质感。

步骤六 定 妆

采用亚光定妆散粉，避免采用透明、珠光散粉，会使得脸上泛白。

步骤七 发型造型（图7-19）

证件照大多要求露耳朵和眉毛，因此证件照大多数是扎马尾，用手一点点拉松头

▲ 图7-19

发，让头发更膨松一点，在视觉效果上，使脸部收缩。拉松头发时注意均衡。

脸型的种类及修正方法

1. 圆形脸

特征：圆润丰满，额角及下颌偏圆。圆形脸型给人的感觉是年轻而有朝气，但容易显得稚气，缺乏成熟的魅力。

修正：

（1）涂粉底。用影色涂于两腮，亮色涂于额中部并一直延伸至鼻梁上，在下眼睑外侧至外眼角外侧向上斜，也涂亮色。

（2）画眉。眉毛适宜画得微吊，修整时把眉头压低，眉梢挑起，这样的眉型使脸型显长。

（3）涂眼影。靠近内眼角的眼影应重点强调，靠近外眼角的眼影应向上描画，不宜向外延伸，否则会增加脸的宽度，使脸显得更圆。

（4）鼻的修饰。突出鼻侧影的修饰，使鼻子挺阔以减弱圆形脸型的宽度感。

（5）腮红。斜向上方涂抹，与两腮的影色衔接，过渡要自然。

2. 方形脸

特征：有宽阔的前额和方形的下颚骨，脸的长度和宽度相近。给人的印象是稳重、坚强，但缺少女性温柔的气质。

修正：

（1）涂粉底。将影色涂于两腮和额头两侧，在眼睛的外侧下方涂亮色。

（2）腮红。在颧骨处进行三角形晕染，腮红的位置略靠上。

其他部位的修饰与圆形脸型相同。

3. 长形脸

特征：有纵向感突出，给人抑郁生硬的感觉，面部缺乏柔和感。

修正：

（1）涂粉底。在前额发际线处和下颌部涂影色，削弱脸的长度感。

（2）画眉。适合画平直的眉，眉尾可略长，这样可加强面部的宽度感。

（3）涂眼影。眼影要涂得横长，着重在外眼角用色并向外延伸，这样使脸显得短一些。

（4）鼻的修饰。鼻侧影要尽量浅淡或不画。

（5）腮红。在颧骨略向下的位置做横向晕染。

4. 正三角形脸

特征：上窄下宽，因此又称"梨形脸型"，给人以安定感，显得富态、威严，但不生动。

修正：

（1）涂粉底。用影色涂两腮，亮色涂额中部和鼻梁上半部及外眼角上下部位。

（2）画眉。适合平直些的眉型，眉应长些。

（3）涂眼影。眼影的涂抹方法与圆形脸型和方形脸型相同。

（4）腮红。在颧骨外侧纵向晕染。

5. 倒三角形脸

特征：人们常称其为"瓜子脸"或"心形脸"，特点是较阔的前额和稍尖的下颌。给人以俏丽、秀气的印象，但显得单薄柔弱。

修正：

（1）涂粉底。在前额两侧和下颌涂影色，在下颌部涂浅亮色。

（2）画眉。适合弯眉，眉头略重。

（3）涂眼影。眼影的描画重点在内眼角处。

（4）腮红。在外眼角水平线和鼻底线之间，横向晕染。

6. 菱形脸

特征：前额过窄，颧骨突出，下颌过尖。菱形脸型的人显得机敏、精明，但容易给人留下冷淡、清高的印象。

修正：

（1）涂粉底。在颧骨和下颌处涂影色，在前额和两腮涂亮色。

（2）画眉。适合平直的眉毛。

（3）涂眼影。眼影色向外眼角外侧延伸，色调柔和。

（4）腮红。比面颊两侧的影色略高，并与影色部分重合。

证件照摄影妆化妆造型设计考核标准及评分表

序号	考核内容	评价标准	得分
1	接待顾客，制定方案	（1）文明、礼貌地接待顾客。（2分） （2）能根据顾客要求制定顾客满意的化妆方案（2分）	
2	拍摄当天准备工作	自身形象得体，工具清洁干净、摆放整齐，提醒事项到位（4分）	
3	肤色修饰	（1）粉底色彩选择与妆型要求符合。（3分） （2）粉底涂敷均匀、自然、透明。（4分） （3）粉底达到修正要求（3分）	
4	眼部的修饰	（1）眼影位置正确，起到修正效果。（3分） （2）色彩晕染柔和。（3分） （3）色彩搭配协调。（3分） （4）眼线描画柔和、干净。（3分） （5）假睫毛自然、真实（3分）	
5	眉毛的修饰	（1）眉型设计符合妆型要求。（5分） （2）描画立体、自然。（3分） （3）符合脸型（2分）	
6	唇部的修饰	（1）唇型清晰。（5分） （2）描画立体。（3分） （3）唇型饱满。（2分） （4）唇型设计有矫正作用。（5分） （5）色彩与妆型整体协调（2分）	
7	颊红的修饰	（1）位置正确，达到修饰脸型的效果。（2分） （2）过渡自然、透明。（2分） （3）色彩协调（1分）	
8	发型造型	（1）发型设计符合化妆造型主题要求。（3分） （2）发式造型有新意。（3分） （3）发型适合脸型。（3分） （4）发式饰物与发型协调。（3分） （5）轮廓饱满外形整洁（3分）	
9	整体造型	（1）妆面有创新。（5分） （2）整体符合设计要求。（5分） （3）发型妆面与服装协调、统一（5分）	
10	清理场地	场地清理干净（5分）	
评分人		合计	

证件照造型

任务八　艺术照摄影妆化妆造型设计

[任务描述]

为了给自己的青春留下影像，小王来到影楼，准备拍摄一套艺术写真照片，影楼的工作人员与她沟通后，为她量身打造了一套拍摄方案。今天小王来到了影楼，请造型师为她打造一款艺术写真妆容（图8-1、图8-2）。

▲ 图8-1　　　　　　　　　▲ 图8-2

[学习目标]

1. 知识目标

熟悉艺术写真化妆造型的工作流程；了解造型特点与色彩、光色之间的关系。

2. 能力目标

可以较好地完成各种光线下的整体造型设计；能够根据制定的造型方案为顾客挑选服饰品并完成整体造型。

3. 素养目标

具有较强的临场应变能力，与顾客进行有效的沟通，妥善解决问题。

知识准备

一、艺术写真的特点

艺术写真摄影造型色彩丰富，造型多变，深受拍照人的喜爱，在整体造型上可根据服装的不同颜色和款式，表现出艳丽、典雅、端庄、可爱、高贵等不同风格。妆面变化性强，要依据所要表现的整体拍摄风格设计适合的妆容。在现代的艺术摄影妆中，高贵典雅的妆容风格深受顾客的喜爱。

艺术写真可以根据顾客的喜好及适合的造型来定不同的风格，选择不同款式和色彩的服装来增强风格的渲染。艺术写真拍摄，妆面变化性强，要根据所要呈现的造型风格来设计适合的妆容。

艺术照的风格从不同的角度去划分，有以下风格。

1. 俏丽风格

以暖色调为主，通过妆面及背景的烘托突出天真可爱的特点。

2. 日系风格

要求拍摄光线要柔和，妆面整体偏暖，整体造型偏可爱、清新。

3. 非主流风格

通过对妆容和服装的整体塑造，打造人物硬朗的造型特点，同时不失女性的妩媚感。

4. 淡雅风格

柔美朦胧。大多数以纯色淡雅色调为主，通过摄影中柔和的光线，表现出女性的柔美与纯洁。

5. 优雅风格

表现高雅感，用白色或灰色背景素材相结合的形式突出优雅感。适合身材、气质较好的顾客，对脸型没有太多的限制。

6. 清新风格

清新自然，表现出年轻一代的活力和奔放。

7. 童话风格

柔和的色调、清新自然的造型风格。较为适合16~25岁的女性。

二、灯光在化妆造型中的作用

光色是艺术拍摄中不可或缺的因素。灯光对于妆面的造型性很重要，如果灯光用得恰到好处，可以有效地突出皮肤的质感和层次感，并且还可以有效地改变顾客的面貌。

1. 自然光摄影

在自然光下摄影时应该选择自然妆型，直射的阳光会让皮肤上的缺点充分暴露出来，因此化妆一定要真实自然。粉底最好选择比自己肤色浅一个色调的颜色，阴影色调的处理也要相应的减弱，这样可以使脸色和肤色更贴近。眼影色选择珊瑚色和褐色之间的过渡色。浅褐色也可以恰到好处地在自然光下呈现出最佳效果，还可以用稍带珠光的眼影，勾勒出脸部的轮廓，这样才能使整个人的形象鲜明突出。

2．室内摄影

室内摄影的照明包括荧光灯照明、白炽灯照明和摄影棚内人工照明等几种。当人处在荧光灯光线下时，整个脸部都会受光，因此会使皮肤色泽柔和，但脸色显得比较苍白，而且容易使肌肤纹理显得粗、毛孔大，脸部在视觉上呈现平面感，暴露化妆上的缺点。化妆时妆容应以粉色系略带暖调为主，选择自然透明与偏粉红色系的粉底，尽量避免采用蓝色眼影。白炽灯的光线是低彩度的橙黄色光，会使光线略带黄红色泽，可以遮盖皮肤上的瑕疵。由于光线较低，脸上的阴影也相应较多，脸部的立体感较强，彩妆也就容易被降低。化妆时应使用明度较高的底色，也可以使用一些淡紫色的粉底对光进行中和，使脸色显得粉嫩，眼影和唇膏宜强调红、橙色调，最适合的颜色是浅棕色系。

3．化妆色彩在灯光下的变化

化妆色彩会受到光线的制约。不同的光线下，彩妆会呈现出不同的效果。

首先，化妆色彩依赖于灯光的色彩。不同的场景要求不同的化妆色彩，以烘托氛围或符合人物性格特点。因此不同的妆容用色应全面考虑场景、灯光、人物性格等因素。

其次，化妆色彩会受到灯光的制约，并随灯光的光位、光色、光强、光比等的不同而变化。在摄影棚的灯光下，为了使形象更加柔和，会采用有色灯光或加入彩色滤光镜，滤光镜会吸收光谱的颜色，对光线产生影响。所以在化妆的色彩上一定要有突出的颜色使用，彩妆的颜色也可以相应浓一点。在摄影棚拍照时，整体可以选择质感强的彩色化妆品，一定要勾勒出鼻子和下颌处的立体感，这样脸部就不会那么凸凹，在底妆阶段就强调面部轮廓感。在色彩方面，选择接近皮肤颜色的粉红色。

任务实施

一、服务规范

1．着装

符合造型师的工作特点，大方得体，给人以专业的感觉，裙装不宜过短。

2．仪容要求

作为一名优秀的造型师，化淡妆给人一种和蔼、健康、有亲和力的感觉，发型整洁、干练。

3．工作能力

要求造型师具有较强的沟通能力，思路清晰，语言表达能力强。

4．专业素养

造型师应具有丰富的专业化妆知识和化妆技巧。

二、接待顾客，填写设计方案

按照影楼相应要求，提前与顾客沟通，确定拍摄方案，准备造型所用服饰。

三、化妆前的准备工作

（一）工作准备

1．化妆用品、造型产品的准备。

2．带顾客到礼服区挑选拍摄所要的服装，根据顾客的自身条件及特点，为顾客提出专业的建议并确定拍摄服装。

3．换好服装后，引领顾客到化妆区域坐好，帮顾客固定好头发，在顾客胸前围好围布以免弄脏服装。

4．让顾客提前做好护肤，以最佳状态进行造型。

（二）化妆准备

1．修眉

（1）清洁眉毛周围皮肤。

（2）根据顾客眉特点，与顾客沟通确定眉型。

（3）选用电动修眉刀进行修眉。

2．清洁皮肤

将化妆水倒在化妆棉片上，为顾客面部进行清洁，擦拭掉脸上的粉尘，用喷壶将化妆水均匀地喷在脸上，为皮肤补充水分。

3．涂润肤产品，滋润皮肤。

4．涂抹定妆液。

5．选择隔离产品，隔离彩妆，保护皮肤。

四、化妆造型

在艺术照拍摄中，面部修容是非常重要的一步，因为摄影中的灯光对脸型有一定的影响，所以要对不完美的脸型进行必要的调整，在底妆上可以选择水润感的液体粉底，与遮盖力较强的膏状粉底来进行打底，利用粉底的不同颜色来完成脸型轮廓感的修饰（图8-3）。

▲ 图8-3

证件照化妆造型设计

（一）产品及工具的选择

液体粉底、膏状粉底（图8-4）；粉底刷、粉扑、掸粉刷、棉片、棉签（图8-5）。

▲ 图8-4

▲ 图8-5

（二）操作步骤

1. 选用与顾客肤色适合的粉底液。

2. 用粉底刷蘸取适量粉底液，不要过多。

3. 用粉底刷将粉底涂均匀。

4. 选用比顾客皮肤颜色深一些的粉底进行轮廓的修饰。

5. 选用色号略浅的粉底对T区及需要提亮的位置进行修饰。

6. 选用大号的散粉刷蘸取适量的蜜粉进行定妆。

7. 检查整体底妆轮廓，修饰细节部位。

（三）注意事项

1. 底妆薄厚均匀，服帖。
2. 整体底妆的轮廓过渡自然，无生硬感。
3. 在打底过程中注意力度，及时询问顾客的感受，并做出调整。
4. 注意细节部分的处理。

底色的色调

1. 基础色

基础色起统一皮肤色调的作用。它能够让皮肤看上去更加通透并具有光泽感。基础色的选择非常重要，在选择时要接近肤色，从而表现皮肤的自然质感。

2. 高光色

高光色浅于基础色，具有感觉开阔、鼓突的作用。应用在鼻梁、下眼睑、前额、下颌等需要鼓突，提亮的部位。

3. 阴影色

阴影色具有收缩、后退和凹陷的作用，利用阴影色，可使扁平的脸有立体感。同时，阴影色也可作为鼻侧影使用。阴影色要比基础色暗三四度，可根据肤色的深浅、妆面的浓淡程度来选择深咖啡色或浅咖啡色的阴影色。

步骤二　眼部的修饰

眼睛是心灵的窗口，在艺术写真造型中，眼睛的描画是妆容中的重点。眼部妆容的设计要体现眼部轮廓立体感，色彩要内敛、含蓄，体现顾客的气质（图8-6）。

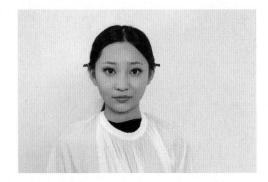

▲ 图8-6

（一）产品及工具的选择

不同质地的眼部彩妆产品（眼影膏、眼影粉、液体眼影）、眉笔、眼线（眼线笔、眼线水笔）、睫毛膏、假睫毛、睫毛胶（图8-7）；睫毛夹、眼影刷、棉签、粉扑（图8-8）。

艺术照眼部
修饰

▲ 图8-7

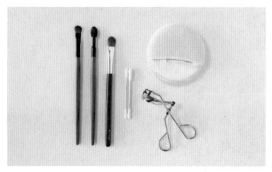

▲ 图8-8

（二）操作步骤

1. 晕染眼影

根据顾客的自身条件及特点进行描画，可采用渐变、烟熏、小倒勾、后移等化妆手法。强调眼部的轮廓，让眼部神采突出。眼影的用色选择比较广泛，拿高贵端庄风格的造型为例，眼妆一般选用颜色比较饱和的深色系，如深蓝色、灰色、深棕色、深紫色。如果拍摄可爱风格，一般可以选择浅色系的眼部彩妆产品，如粉色、橘色、浅蓝色、大地色系。

2. 描画眼线

观察顾客眼型条件，确定眼线的形状，使用黑色或棕色眼线笔（眼线液、水状眼线笔、膏状眼线等）沿着睫毛根部进行描画，同时利用眼线的位置及角度调整眼型，注意不要留白。

3. 处理睫毛

用睫毛夹将睫毛夹翘，注意弧度，不要过度卷曲。

（三）注意事项

眼影用色准确，色彩搭配适合，选择适合顾客的眼影画法，眼线流畅，过渡自然。选择适合的假睫毛型号，按步骤进行粘贴，注意真、假睫毛的衔接。

利用眼线矫正眼型的技法

1. 吊眼

上眼线、内眼角眼线略为加粗，外眼角眼线要拉平不可上扬；下眼线内眼角必须画在睫毛内而且要画得细或不画，外眼角可以画得粗些，画完以后可以用眼影晕开。

2. 肿胀眼

眼线要画得深一些、宽一些，睫毛根要画得实，然后柔和向上晕染，外眼角向外拉长。

3. 下垂眼

上眼线前细后粗，不到眼尾就可以微微上扬；下眼线前面可以画得粗一些，后面画得浅些细些或者不画。

4. 大眼

上、下眼线均要细长一些，否则会显得眼睛更大。可以借鉴自然眼线的画法来描画。

5. 单眼皮

与肿胀眼的画法有相同之处，强调眼部的立体感，强调眼型轮廓。

6. 两眼间距窄

眼影与眼线要往外侧拉长，眼线不可画到内眼角。鼻侧影也不可太深，以达到缓解紧张感的效果。

7. 两眼间距宽

重点放在眼头，内眼角的眼线可以稍稍超出内眼角，内眼角眼线粗些、深些，眼尾眼线不可拉长。眼影可用前移的方式，使两眼距离平衡。

8. 凹陷眼

上眼线往上扬，相对于下眼线要画得粗些，下眼线内眼角画在睫毛内，而且要画得细些。

步骤三　眉毛的修饰

艺术写真妆妆容中眉毛的描画要根据顾客的自身条件及特点来进行设计，可以用深浅颜色不同的两种眉笔来进行描画，突出整体眉型的立体感。（图8-9）

▲ 图8-9

（一）产品及工具的选择

眉粉、眉笔（黑色、棕色、灰色）（图8-10）；眉刷、粉扑、化妆棉、棉签（图8-11）。

（二）操作步骤及要领

眉毛的色彩可配合发色、眼珠的颜色以及整体的妆容而定。画眉时将眉笔削成扁平

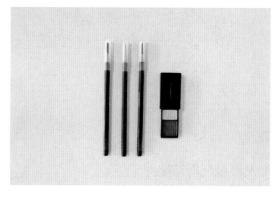
▲ 图8-10

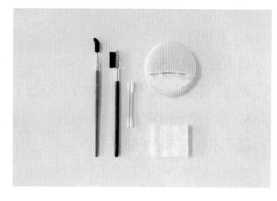
▲ 图8-11

状，一根一根地将眉型画出，再用深色眉笔进行重点轮廓的描画，增加眉毛的层次感。切勿用眉笔描出整个眉型再进行填色，以免给人的感觉太过生硬、造作。

（三）注意事项

1. 按照眉毛的生长方向进行描画。

2. 下笔要轻，逐渐增加颜色，眉毛要体现出虚实，这样才能使眉毛显得更加真实立体。

3. 注意眉型与整体妆容的协调性。

眉型的矫正

在化妆时我们会遇到各式各样的问题，首先应观察仔细，运用正确的方法加以矫正，使其达到完美的效果，更好地修饰及弥补面部的缺陷。

1. 向心眉

两眉间距窄，小于一只眼的距离。

修饰：除去眉头多余眉毛，眉峰后移，眉梢略拉长。

2. 离心眉

两眉之间距离过宽，大于一只眼的距离。

修饰：用眉笔在眉头顺眉毛生长方向一根一根地描画，眉峰前移，眉梢不拉长。

3. 上扬眉

眉头和眉梢不在同一条水平线上，眉头低，眉梢上扬。

修饰：除去眉头下面和眉梢上面的眉毛，抬高眉头，压低眉梢。

4. 下垂眉

眉头高，眉梢低。

修饰：除去眉头上面和眉梢下面的眉毛，压低眉头，抬高眉梢。

5. 杂乱粗宽的眉毛

眉型不整齐，过于随意。

修饰：根据脸型，眉与眼间距画出基本眉型，将多余眉毛除去。

6. 细而浅淡的眉毛

修饰：根据脸型调整弧度，强调眉峰，将眉型加宽，眉头色淡，眉峰色浓，眉梢浅淡。

步骤四　唇部的修饰

在艺术写真妆中，唇部的表现方法种类繁多，不同的写真风格对应不同的造型，唇部的表现要依据拍摄风格及顾客个人自身条件所定。如，想让双唇透露出自然性感，而嘴唇较薄，可将唇峰处涂上较为圆润的线条，营造唇部的丰润效果，还可以拉大两唇峰的距离，表现成熟、艳丽的感觉（图8-12）。

▲ 图8-12

（一）产品的选择及工具

唇膏、唇彩、唇蜜、唇漆（图8-13）；唇刷、粉扑、棉签（图8-14）。

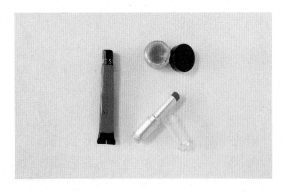

▲ 图8-13

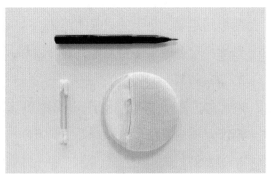

▲ 图8-14

（二）操作步骤

1. 根据顾客的唇部特点矫正唇部轮廓。

2．涂唇膏、唇彩。

3．局部提亮。

（三）注意事项

1．注意唇线与唇膏的过渡，不要有明显的界线以免产生生硬感。

2．上下唇型对称、均匀。

3．唇部色彩饱和、有层次感。

 注　释

唇型的矫正

1．嘴唇偏大

尽量在唇型以内画出理想的轮廓。标准厚度应与脸型、体型相协调。通常矫正时应注意嘴角。唇线外的唇角部位应用基础粉底（或稍深颜色）做修饰，要特别注意要淡化唇裂处。

2．嘴唇偏小

嘴唇小使下颌显大，修饰时在上下唇角可超出唇型来描画，唇角可加宽些，并加深颜色，营造嘴角加宽的效果，使唇变宽变大一些。

3．嘴唇偏厚

唇厚显得不秀气，修饰时可用比基础底稍深的粉底遮盖唇部。口红可选择深色，沿唇角勾画保持本身长度，向内侧勾画，避免使用珠光的唇膏，宜选用深颜色唇膏修改，使唇型得到收敛效果。

4．嘴唇过薄

此种唇型给人冷淡、理智的感觉。矫正时，可用浅色唇线笔画出，上唇圆润，下唇增厚，可超出原唇型，宜选择浅色、偏暖色系口红，最好使用荧光色，在上、下唇的中间加一些较亮的口红，可使唇部更立体、饱满。

5．上唇外翘

在打底时，上唇可选择比基本底深的颜色，在人中处用棕色加深。画唇线时，唇峰不宜太高，应向两边打开。嘴角可提高一些，加深下唇角。从整体看，唇部重点应放在下唇部减弱上唇的上翘感。

6．嘴角下挂

此种嘴型使人产生愁苦的感觉。矫正此种唇型应从打底着手，打完基本底后，化上唇时唇峰略压低，唇角略提高，唇角向内收可减弱嘴角下挂的感觉。下唇的宽度应超上唇，唇中部的颜色比唇角略低些，以此达到提升嘴角的效果。

艺术写真妆容的颊红要根据整体妆容的特点进行设计。腮红以结构式打法居多，可以增加面部轮廓的立体感，也可结合其他的腮红打法，根据顾客的脸型而定，注意面积不要过大，色彩过渡柔和，无明显的痕迹，注意与暗影的衔接（图8-15）。

▲ 图8-15

（一）产品及工具的选择

1．产品的选择

（1）颜色的选择：橘红色、珊瑚色、粉红色、浅红色、咖啡色。

（2）质地的选择：粉状腮红、膏状腮红、液体腮红（图8-16）。

2．工具的选择

腮红刷、粉扑、打底海绵（图8-17）。

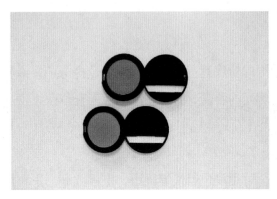

▲ 图8-16

▲ 图8-17

（二）操作步骤

1．使用腮红刷涂抹腮红。

2．蘸取少量定妆粉修饰腮红。

（三）注意事项

1．腮红涂抹面积不可过大过长，需要更好地表现顾客的面部结构。

2．腮红与肤色过渡自然，无明显痕迹。

腮红的矫正

1. 圆形脸

修饰重点：强调面颊的结构，加强面颊的立体感。由颧骨外缘做斜向的晕染，颧弓下陷部位略深，向里颜色渐弱。

2. 方形脸

修饰重点：强调面部的圆润感和收缩感。颊红的位置可略提升，在颧骨下缘凹陷处偏上施用略深的颊红色，而向上至颧骨则选用淡色，可起到收缩面颊的作用。

3. 长形脸

修饰重点：增强面部的丰满及润泽感。颊红应横向晕染，颧骨外缘略深，向内逐渐变浅，这样可使面颊丰满，缩短脸的长度。若脸宽而长，颊红应斜向晕染，由颧骨斜向下渐淡，也会起到改善脸型的效果。

4. 正三角形脸

修饰重点：加强面部的立体感。可先用咖啡色或较深的胭脂涂于颧弓外下方，再选用浅色胭脂涂于颧弓处，使面颊显得有立体感。

5. 倒三角形脸

修饰重点：强调面颊的丰满润泽感。

由于面颊消瘦，颊红可做横向晕染，晕染要柔和自然，不要形成大面积的色块。

6. 菱形脸

修饰重点：强调面部自然的柔和感。色彩应淡雅，不宜修饰过重，淡淡地在颧骨上晕染，颧弓下方颜色可略重，上方颜色略浅，来体现面部自然的柔和红润感。

步骤六　定　妆

摄影妆容中避免使用珠光产品，在艺术写真中定妆选用哑光定妆产品。

步骤七　发型造型

随着摄影行业的不断成熟，艺术写真已成为大众化的一种消费方式，人们很喜欢用照相机记录下自己的每一个阶段，因此艺术写真越来越受到大众欢迎，艺术写真的造型风格也越来越多样化。在艺术写真造型中，发型的梳理要符合整体造型特点。

1．发型的梳理

造型重点。拿艺术写真中的高贵优雅风格来讲，发型选择上我们选择一款高贵优雅的盘发造型，此款盘发造型要求头顶要蓬松饱满，卷曲处要轻盈有弹性，整个发型干净顺滑，拒绝拖泥带水的发丝。晚装盘发还要配合礼服的样式，这类盘发端庄雅致，造型高贵简洁，是具有线条美感的造型。

盘发是最能体现女性气质的。不同的盘发方法可以创造出千变万化的发型，从而充分表现女性活泼、青春、时尚、成熟、优雅、性感等多样化的风采，看起来具有十足的女人味，体现女性温婉动人的妩媚；于不经意间垂下的一缕松散的发丝，更衬托出女性的华贵高雅。

2. 头饰

头饰款式应别致、材质华丽。如钻饰、珍珠饰品、各种仿真花，这类饰品的使用会让整体的造型更加高贵、典雅（图8-18）。

▲ 图8-18

一、艺术写真礼服风格的选择

随着时代的不断变化，在现代的拍照过程中，照片的风格变化多端，有多种多样的选择，那么礼服都有那些类型可以选择呢？

1. 可爱风格

如果顾客外形条件整体偏向于甜美，小巧可爱，整体风格可以偏向活泼、动感、俏丽、高贵梦幻的可爱风格。可爱风格适合外形可爱俏丽、大眼睛、看上去比实际年龄小的顾客。

2. 韩式风格

韩式风格如同清新淡雅的风，让人身心放松，它的精髓在于造型上的庄重、柔美与简洁。

3. 复古风格

适合端庄大气，面部立体感强的人，这样更能体现一种时尚、复古的感觉。复古风格的服装要选择具有复古气息和绚丽奢华的配饰，如刺绣、蕾丝花边、烫钻、绣珠、毛皮等。红色、黑色的晚礼服是复古造型的不二之选。黑色晚礼服，是那些追求低调、含蓄、高贵感觉的气质女性的首选。

4. 欧式宫廷风格

充满复古情怀的浪漫婚纱也呈现出一派奢华风格。欧式宫廷的提胸和束腰，层层叠叠的裙摆，在细节上将繁复且精细的做工体现得淋漓尽致，再融合现代流行剪裁与时尚元素，像蝴蝶结、褶皱等，创造出亦古亦今的别样风格，深受顾客的喜爱。

5. 中式风格

中式风格以中国传统特色红色为代表，蕴含了中国的传统文化。在分类上也是种类繁多的，如旗袍、唐装、凤冠霞帔、格格服、小凤仙服、汉服。以旗袍为例，旗袍已经成为一种能很好体现女性曲线美的服装，用丝绸、锦缎缝制而成，穿在发髻高挽、身段窈窕的中国女性身上，那种东西方文化的完美结合、东方的神韵，令人叹为观止，从遮掩身体的曲线到显现玲珑突兀的女性曲线美，旗袍成为中国女性独具民族特色的时装之一。

二、根据顾客的身体条件选择礼服

1. 手臂粗的顾客不宜选裹胸晚装，应选吊带或包肩款式。

2. 腹部丰满的顾客不宜选表面光滑的面料和收腰窄版或腹部设计复杂的晚装，应选腹部线条简约流畅的款式。

3. 腰粗的顾客不宜选一字裹胸窄摆晚装，应选吊带高腰设计的款式。

4. 上身较为丰满的顾客不宜选浅色光滑面料裹胸晚装，应选深色亚光V领款晚装。

5. 胸部平坦的顾客不宜选裹胸或低V领的款式，应选择胸部线条丰富的款式，如胸部流苏设计。

艺术照摄影妆化妆造型设计考核标准及评分表

序号	考核内容	评价标准	得分
1	接待顾客，制定方案	（1）文明、礼貌地接待顾客。（2分） （2）能根据顾客要求制定令顾客满意的化妆方案（2分）	
2	拍摄当天准备工作	自身形象得体，工具清洁干净、摆放整齐，提醒事项到位（4分）	
3	肤色修饰	（1）粉底色彩选择与妆型要求符合。（3分） （2）粉底涂敷均匀、自然、透明。（4分） （3）粉底达到修正要求（3分）	
4	眼部的修饰	（1）眼影位置正确，起到修正效果。（3分）。 （2）色彩晕染柔和。（3分） （3）色彩搭配协调。（3分） （4）眼线描画柔和、干净。（3分） （5）假睫毛自然、真实（3分）	
5	眉毛的修饰	（1）眉型设计符合妆型要求。（5分） （2）描画立体、自然。（3分） （3）符合脸型（2分）	
6	唇部的修饰	（1）唇型清晰。（5分） （2）描画立体。（3分） （3）唇型饱满。（2分） （4）唇型设计有矫正作用。（5分） （5）色彩与妆型整体协调（2分）	
7	颊红的修饰	（1）位置正确，达到修饰脸型的效果。（2分） （2）过渡自然、透明。（2分） （3）色彩协调（1分）	
8	发型造型	（1）发型设计符合化妆造型主题要求。（3分） （2）发式造型有新意。（3分） （3）发型适合脸型。（3分） （4）发式饰物与发型协调。（3分） （5）轮廓饱满外形整洁（3分）	
9	整体造型	（1）妆面上有创新。（5分） （2）整体符合设计要求。（5分） （3）发型妆面与服装协调、统一（5分）	
10	清理场地	场地是否清理干净（5分）	
	评分人		合计	

艺术照造型

任务九　婚纱摄影妆化妆造型设计

[任务描述]

随着时代的发展，现在的新人在结婚时都希望把自己人生最美好的时刻记录下来。所以，拍摄婚纱照已经成了广大新人普遍的选择。小王的婚期定在十月，她和男朋友来到了一家婚纱摄影公司，想拍一套精美的婚纱照，请为她设计一款适合拍照的妆容吧（图9-1、图9-2）。

▲ 图9-1

▲ 图9-2

[学习目标]

1. 知识目标

熟悉摄影新娘妆的化妆特点及工作流程；理解婚纱照拍摄中肤色与背景、灯光的关系；具有足够的化妆造型知识储备。

2. 能力目标

根据顾客自身条件及理想拍摄效果制定适合的拍摄妆容方案；根据化妆方案完成化妆造型；根据制定方案为顾客挑选适合的服装及饰品并完成搭配。

3. 素养目标

能准确地运用规范和专业的服务用语接待顾客并进行有效沟通；具备造型师应有的观察、分析、设计及现场应变能力。

一、摄影新娘妆的特点

新娘摄影妆需要配合背景及服装进行设计描画。整体的造型上，带给人舒适之感，拍摄光线也要随着场景的变化而变化。妆容也需根据背景的色调及拍摄主题进行调和，选择色彩饱和度较高的颜色进行修饰，可更好地突出人物的气质，避免烦冗的背景及装饰物将拍摄的主角覆盖。新娘摄影妆以凸显人物面部的立体感为主，常用大气、低调、浓郁的色彩体现妆面的质感。重点强调面部轮廓及五官的立体结构，利用五官的重点描画突出人物的个性。在化妆过程中不能将所有五官作为重点，需要造型师分析顾客面部特征，突出五官优势，避免呈现出重点过多无特点的妆容。

二、化妆基础知识

（一）背景对化妆肤色的影响

在摄影化妆中，背景的颜色会影响顾客皮肤和妆容的颜色，从而影响化妆的效果，造型师要了解各种色彩间的相互关系。这里简单介绍几种背景色与肤色的关系。

红色：使皮肤偏红，显得人气色较好。会产生兴奋、激动、活泼、温暖、庄严、前进、欢快、喜庆、生机、浓艳感，同时会使人产生不安、烦躁和恐怖等的感觉。

橙色：会使人产生温暖、饱满、光明、愉悦、辉煌、华丽、贵重、丰收、果实、穿透力强等的感觉，但也会使人觉得有一定的压力或感觉疲劳等。

黄色：背景明度太高，是皮肤显得黯淡偏黄黑。会产生明亮、灿烂、轻快、柔和、充满希望、明朗、年轻、活泼等的印象。也会产生柔弱、酸涩、病态、颓废等相反的效果。

绿色：使皮肤显得发黄，黯淡无光。会产生活力、希望、稳定、生气、自然、安神、养目、舒适、和平的感觉。同时也会有怪异、独特等效果。

蓝色：使化妆、肤色显得干净明朗。会产生深远、透明、纯净、流动、秀丽、朴素、纯洁之感。

蓝紫色：会产生华丽、高贵、优雅、神秘、忧郁、伪善不正之感，但容易使整体形象偏暗，皮肤变得黯淡。

白色：属于常用背景，可以适合各种妆容，会产生严重、严肃、坚定、悲痛、死亡、绝望等感觉。

黑色：容易显出彩妆的色彩质感。会产生严重、严肃、坚定、悲痛、死亡、绝望等感觉。

灰色：是摄影化妆中最理想的背景色，它不会影响整体造型的色彩。会产生和谐、含蓄、高雅、精致、耐人寻味、单调、沉闷、寂寞、平淡、乏味、无个性、失去信心等感觉。

（二）光色与妆色的关系

妆色与光色有着密不可分的联系。不同妆色在不同光色的影响下，会产生不同的色彩效果。光源的种类：人们接受的光源有两种，即日光和灯光。日光光源的特点是色温偏高，光源偏冷，对妆面色彩影响小。灯光光源的特点是可以变化光色和投照角度。化妆色调在不同色温的灯光下会产生变化。

一般来讲，在摄影拍照中，由于环境不同，拍摄光源也有很大差异，常用的拍摄环境大致分为室内和室外。那么对化妆造型的要求也有着很大的不同。室内拍摄的新娘妆由于光线的原因对妆面的轮廓感要求较强，外景的拍摄环境下光源是日光，对妆面的要求更加自然细腻符合贴近自然环境。

（三）灯光在摄影中的运用

照射角度	呈现状态
正面光	正面光可表现清晰的影像质感和艳丽的色彩，明暗反差小，层次感的表现较淡薄，可使皮肤显得细嫩光滑，清晰明朗
侧面光	侧面光是光源处于面部横侧面的光，能够形成明暗参半的效果
高角度正面光和低角度正面光	高角度正面光会使脸部变长，低角度正面光会使脸变短
斜射光	斜射光在人面部的前方45°投向主体，能够适度地表现主体的明暗对比，具有质感和立体感的表现力
逆光	逆光投射到主体，面部会形成优美的轮廓，但会缺乏质感和色彩的表现力
侧逆光	侧逆光是光源从主体的后方45°射出，明亮部位少而阴暗部位多，主体的大部分被隐没起来，局部会出现光边，能够很好地勾画出面部的线条
底光	底光又被称为恐怖光或鬼光。运用柔和的底光能够消除面部的皱纹，使面部的皮肤细腻白嫩、光洁柔和，符合一般顾客的审美要求。运用底光照射产生的与众不同的视觉冲击力，可表现另类与时尚的感觉。可利用底光营造特殊艺术气氛、表现主题内容、刻画顾客的神韵

一、服务规范

（一）形象要求

1．着装要求

着装符合造型师的工作特点，大方得体，给人以专业的感觉，裙装一般不宜过短，整体着装体现职业特点。服装颜色不宜为黑色，否则影响整体造型。

2．仪容要求

作为一名优秀的造型师，首先要注意自身的妆容及形象，化淡妆给人一种和蔼、健康、有亲和力的感觉，发型整洁、干练、适合工作。（图9-3）

3．工作能力

要求造型师具有较强的沟通能力，思路清晰，语言表达能力强，能够及时地发现工作中的问题并圆满地解决。

4．专业素养

造型师应具有良好的化妆专业知识和化妆技巧。

▲ 图9-3

（二）造型师的坐姿

由于造型师的工作量较大，为减少体力消耗提高化妆质量。在为顾客化妆时，可选用坐姿。就座时要面向顾客，且坐椅面的2/3。保持标准坐姿，不要有跷二郎腿等不礼貌行为。

二、接待顾客，填写设计方案

1．造型师在拍照的前一天根据前台的拍照预约档案，了解顾客的基本信息（拍照时间、套系内容、拍照张数、服装套数等），与顾客打电话沟通，告知拍照注意事项（洗头发、刮腋毛、拍照当天不要佩戴饰品等）。

2．造型师进行自我介绍。自我介绍时语速适中、语气缓和、面带微笑，给顾客亲和感。

3．为顾客讲解拍照流程，介绍店中化妆间、摄影棚、礼服间等相应位置，带顾客熟悉环境，消除陌生感。

4．造型师从接待人员处将顾客引领到化妆区域，与顾客沟通，根据顾客的自身条件及要求，为顾客制定相应的化妆造型方案，并在沟通后得到确认信息。

5．填写顾客档案。

三、化妆前准备工作

（一）工作准备

（1）用品、用具准备。根据所要设计的妆容，准备相应的化妆及造型用具，物品摆放整齐，与顾客沟通是否需要使用一次性的粉扑与唇刷。

（2）挑选服装。带顾客到礼服区挑选所要拍照的服装，用最专业的知识给顾客提出建议并确定。

（3）引领顾客就位。引领顾客到化妆区坐好，用发卡将顾客的头发固定，避免碎发影响化妆，为顾客在胸前围上围布或毛巾，以免弄脏服装。

（二）化妆准备

1．修眉

（1）将眉毛周围皮肤进行清洁。

（2）根据顾客眉型特点，与顾客沟通确定眉型。

（3）选用电动修眉刀进行修眉：在摄影化妆中，选用电动修眉刀进行剃眉法修剪可以避免皮肤红肿，否则影响化妆效果。

2．清洁皮肤

将化妆水倒在化妆棉片上，给顾客面部进行清洁，擦拭掉脸上的粉尘，用喷壶将化妆水均匀地喷在脸上给皮肤补充水分。

3．涂润肤产品，滋润皮肤。

4．涂抹定妆液。

5．根据所要拍摄场景的需要，选择相应的隔离产品，隔离彩妆保护皮肤。

四、化妆造型

步骤一 肤色的修饰

摄影新娘妆的最大特点是"薄、润、自然"，体现肤色质感是摄影新娘底妆的修饰重点。在现在的摄影新娘妆中，不再是选择质地厚重的膏状粉底，取而代之的是质地轻薄、水润、遮盖力强的液体粉底，更能体现出肤质感，如面部有皱纹及瑕疵，可运用数码技术进行后期处理（PS），定妆的处理尤为重要，要根据顾客的肤质及拍摄环境进行选择（皮肤毛孔粗大、长痘都不适合珠光定妆粉）（图9-4）。

▲ 图9-4

突出皮肤白皙、红润的特征，需根据顾客的肤色及肤质正确选择底妆产品，在遮盖面部瑕疵均匀肤色的同时进行面部结构的调整。根据顾客肤色、肤质正确选择隔离修颜产品涂抹于面部内结构处用于调整肤色。使用遮瑕产品重点遮盖面部细小瑕疵。

（一）产品及工具的选择

液体粉底、定妆粉、双色修容饼（图9-5）；粉底刷、粉扑、散粉刷、棉片、棉签（图9-6）。

▲ 图9-5

▲ 图9-6

（二）操作步骤

1. 使用贴近肤色的粉底整体修饰面部，均匀肤色。
2. 面部内轮廓选用亮色粉底液，强调面部立体感。
3. 使用深色的粉底调整外轮廓，收缩脸型。
4. 三色粉底之间衔接自然。

（三）注意事项

1. 底妆服帖，没有卡粉、浮粉。
2. 使用化妆刷力度适中，不可让顾客感到不适。
3. 注意不要忽略细节部分（嘴角，鼻翼等）。

步骤二　眼部的修饰

摄影新娘妆眼部的修饰在整个妆面中占据着极其重要的地位。通过观察顾客自身的眼部轮廓，进行矫正，根据服装的特点和要拍摄的最终效果进行眼妆的描画。一般来讲，摄影新娘妆眼部妆容以有神、灵动、温婉、展现新娘最美丽动人的一面为原则。眼部是面部表情最为丰富的地方。若需强调眼部立体感，可选择饱和度较高的色彩作为眼影色，运用深浅对比的搭配色系，可增添眼部的立体效果。利用亮色眼影强调眉骨及眼球，突出眼部结构，强调眼部轮廓（图9-7）。

▲ 图9-7

（一）产品及工具的选择

不同质地的眼部彩妆产品（眼影膏、眼影粉、提亮粉）、眉笔（黑色、棕色、灰色）、眼线笔（化妆眼线笔、膏状眼线笔、水状眼线笔、睫毛夹、睫毛膏、假睫毛、睫毛胶）（图9-8）；眼影刷、眼影棒、棉签、粉扑（图9-9）。

▲ 图9-8

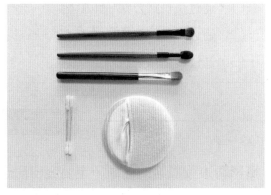

▲ 图9-9

（二）操作步骤及要领

1．晕染眼影

一般选用大地色系或暖色系眼影居多。根据顾客的自身条件及特点进行描画，可采用平涂渐层，可强调眼部结构，但要避免夸张，给人一种不自然的效果。

2．描画眼线

眼线在化妆时占有及其重要的地位，它能使眼睛由小变大，使眼睛深邃，并可以改变各种的眼睛外形，弥补眼部的缺点，使眼睛生动迷人。

使用眼线膏或眼线笔在睫毛根部进行描画，根据顾客眼型特点做适当的调整，可适当地拉长或加重，从而调整眼睛形状。运用美目贴调整眼睛大小和形状，从而达到标准眼型。

3．睫毛的处理

（1）夹睫毛使睫毛自然弯曲。

（2）在摄影新娘妆中多采用自然型、仿真型，表现感更加真实。

（3）涂睫毛胶粘贴：用睫毛膏将真假睫毛刷到一起，不要有断层感，使其真实自然。

（三）注意事项

眼影晕染过渡自然，颜色选择恰当，眼线线条流畅，假睫毛粘贴过渡自然。

 注 释

　　1．美目贴的粘贴

　　观察顾客的眼睛，每个人的眼型都有很大的差异，有纯单眼皮、内双、大小眼、下垂眼等。要根据不同的眼型将美目贴剪出不同的形状贴在上眼睑折痕的位置。

　　2．眼型的矫正方法

　　（1）通过美目贴方法矫正眼型。

　　（2）通过眼线画法矫正眼型。

　　（3）通过睫毛粘贴法矫正眼型。

步骤三　眉毛的修饰

摄影新娘妆眉毛的描画一定要突出眉毛的真实感，一般不宜过重，以平缓柔和的眉型体现新娘温婉、柔美的特点（图9-10）。

（一）产品及工具的选择

1．产品的选择

眉粉、眉笔（图9-11）。

2．工具的选择

眉刷、眉梳、粉扑、棉签、化妆棉（图9-12）。

▲ 图9-10

▲ 图9-11

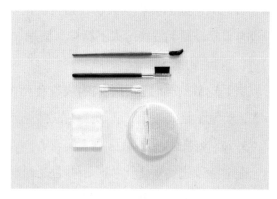

▲ 图9-12

（二）操作步骤及要领

根据发色选择相应的画眉产品，要根据眉毛的自然生长条件来确定眉型。可先用眉粉进行眉型的基础描画，再选用较细的眉笔进行眉型不足之处的精细描画，为使眉毛更加生动自然有层次感，可以用两种不同颜色的眉笔进行处理。一般来讲，平直眉在摄影新娘妆的运用中比较广泛。

（三）注意事项

1．画眉持笔手要稳，可用手腕抵在脸颊上作支撑点，同时手上要钩着粉扑。

2．要顺着眉毛的生长方向描画，体现眉毛的真实感。

3．画眉的要点：前虚后实，上虚下实，前轻后重，前粗后细。

4．注意眉毛颜色与整体妆容的协调性。

 注 释

眉毛的刻画

1．眉毛角度刻画

在对脸部进行矫正化妆时，可通过刻画眉毛的角度来矫正脸部轮廓。如遇到圆形脸型、方形脸型等长度不足的脸型时，可采用上挑眉，这种眉型角度上扬，在视觉上可纵向拉伸脸部长度，达到"瘦脸"的效果；遇到长形脸型等宽度不足的脸型时，可采用平直眉，这种眉型角度平缓，在视觉上有横向拉宽脸部的效果。

2. 眉毛粗细刻画

眉毛的粗细除了影响五官的观感和人物的性格特征外，还会影响眉眼的间距感。偏细的眉毛可以"增加"眉眼间距，偏粗的眉毛可以"缩短"眉眼间距。

3. 眉毛颜色刻画

眉毛颜色刻画会影响人物性格特征的表现，如眉毛浓深给人性情率直、自我意识强、刚烈的印象，眉毛浅淡给人不精神、慵懒、散漫、不健康的印象。

4. 眉毛轮廓刻画

眉毛轮廓刻画时运用不同的线条会产生不同的效果，如直线条轮廓的眉型产生硬朗、干练、英气十足的效果，弧形线条的眉型产生委婉、妩媚、动人、柔美的效果。

5. 眉峰刻画

在对脸部进行矫正化妆时，可通过刻画眉毛的长短来矫正脸部上庭的宽窄感，如遇到额头较宽的脸型，可通过将眉峰位置向眉心刻画以及通过缩短眉毛整体长度的方法，缩短两个眉峰之间的距离，在视觉上达到缩小额头宽度的效果；遇到额头较窄的脸型，可将眉峰位置向外侧刻画，通过增加两个眉峰之间的距离达到增加额头宽度的效果。

步骤四　唇部的修饰

新娘摄影妆的唇部主要突出新娘自然、性感的一面。上唇较扁平，下唇偏方，呈船底形。唇色可配合妆色选择较为艳丽的色彩，表现出唇部丰满的状态（图9-13）。

▲ 图9-13

（一）产品的选择及工具

唇膏、唇蜜、唇彩（图9-14）；唇刷、粉扑、棉签（图9-15）。

（二）操作步骤

1. 勾画唇线，矫正唇部轮廓。

2. 唇膏涂抹需保证填色均匀、饱满。

▲ 图9-14

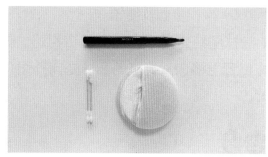

▲ 图9-15

3. 使用唇彩，增加唇部立体感。

（三）注意事项

1. 不要刻意强调轮廓，避免生硬感。

2. 线条流畅、匀称、对称。

3. 唇部色彩柔和，水润。

步骤五　颊红的修饰

摄影新娘妆的颊红要根据整体妆容的特点进行设计，因新娘给人以温婉、柔美的感觉，所以调整气色，给人自然健康的感觉是颊红的修饰作用，不可过于夸张（图9-16）。

（一）产品及工具的选择

摄影新娘妆可根据拍摄要求选择珊瑚色、粉红色、肉桂色、浅橘色的腮红（图9-17）。

腮红刷、粉扑（图9-18）。

▲ 图9-16

▲ 图9-17

▲ 图9-18

（二）操作步骤及要领

涂抹腮红是为了突出面部结构感，腮红可选择低明度、中纯度的色彩。将腮红的涂抹位置上移，从笑肌的2/3处向外眼角处延伸。腮红边缘过渡自然，腮红面积不可过大。

 注释

腮红的晕染形式

1. 团式

画于笑肌最突出的部位，形状大概成圆形。此打法给人感觉比较活泼、可爱。

2. 结构式

位置开始于鬓角到颧弓下线两指内。此打法能弥补人脸型的缺陷，增加人面部的立体感，适合长脸型。

3. 斜向

针对圆脸型的一种修饰型的打法。位置开始于上至鬓角、下至耳垂、右到眼下、左到耳根。面积一定不能低过嘴角，否则会造成人面部肌肉下垂的感觉。

4. 横向

针对长脸型。位置开始于鬓角到鼻翼两侧，此打法也可加以团式打法，可使脸型变得圆滑。

步骤六　定　妆

使用粉扑蘸取少量定妆粉对面部进行再次定妆，确保妆面的持久度。

步骤七　发型造型

随着婚纱摄影行业逐渐成熟，人们的需求也越来越高，摄影新娘造型在风格变化上也随之多样化起来，精髓在于庄重、柔美与简洁。生活化的场景、温馨的氛围、幸福感的流露是每位新人关注的焦点，也是现代婚纱照风格的主要特色。

摄影新娘妆造型的特色主要体现在头部造型上，多采用蓬、拧、编的手法，发型多变，可根据新娘的脸型和整体的搭配来确定发型，但要简洁而不单调，雅致又大气，拥有一定的层次感或线条美。

1. 摄影新娘妆头饰的选择

常用的头饰有各类头纱、娇羞精致的皇冠、花形发饰、珠串类、水晶类小发夹等，除了头纱，其他饰品的运用以恰当的小面积点缀为主，在保持整体发型风格简洁、大气的同时，通过小饰品的点缀来提升发型的层次感、丰富感和时尚感。也可用鲜花来做装饰，更能提升整体的造型美感，但要注意季节（鲜花的花期很短，日照时间太久会萎蔫）。

2. 饰品的种类

皇冠、仿真饰品花、水钻、花型发卡、彩色缎带、蝴蝶结及鲜花等（图9-19）。

婚纱摄影妆
造型——发型

▲ 图9-19

知 识 链 接 ··

一、假睫毛的种类

1. 按产品类型

可分为羽毛系列假睫毛、夸张系列假睫毛、种植嫁接系列假睫毛、纯手工系列假睫毛等。

2. 按做工类型

可分为手工假睫毛、半手工假睫毛、机制假睫毛。

3. 按用途类型

可分为布娃娃假睫毛、影视假睫毛、仿真假睫毛、个性假捷毛。

4. 按材质类型

可分为纤维假睫毛、真人发假睫毛、动物毛假睫毛、羽毛假睫毛。

5. 按浓密程度

可分为自然型假睫毛、浓密型假睫毛、仿真型假睫毛、夸张型假睫毛。

二、假睫毛的款式风格

假睫毛的款式大致分为夸张欧美系和甜美可爱的日系风格。欧美系假睫毛其特点是比较浓，迎合西方人的眼型，适合眼睛轮廓突出，或者希望营造舞台效果的女孩使用；日系的假睫毛，效果上比较自然、甜美，适合东方人眼型。

三、婚纱礼服的选择

1. 身材娇小玲珑者

适合中、高腰、纱面、腰部打褶的白纱，以修饰身材比例。应尽量避免婚纱下身裙摆过于蓬松，造成头轻脚重而凸显身材短小的缺点。肩袖设计也应尽量避免过于夸张，如大泡袖或大荷叶；上身可以华丽而多变，裙摆和头纱避免过长，腰线可以"V"字微低腰设计，以增加修长感。

2. 身材修长者

此类型的新娘可说是天生的衣架子，任何款式的婚纱都可尝试，尤其是以包身下摆呈鱼尾状的婚纱更能展现身材的优点。

3. 身材高瘦者

加强两肩设计的礼服，可使高瘦型的新娘看起来更有精神，如垫肩、夸大泡袖荷叶设计，且上半身线条宜多变化；避免露肩、齐胸的款式。

4. 身材丰腴者

适合直线条的剪裁，加上花边式样，穿起来较苗条。不可采用高领款式，宜选低领；且腰部、裙摆的设计都应避免烦琐。

5. 过于丰满或纤瘦者

上身丰满的新娘最好选择上身设计简单又能展现胸线优点的婚纱；而下身丰满者，则不要选择以褶皱为设计重点的婚纱；过于纤瘦的新娘，最好穿着高领、长袖的礼服，如多层次、荷叶边式的礼服都很合适。

考核评价

婚纱摄影妆化妆造型设计考核标准及评分表

序号	考核内容	评价标准	得分
1	接待顾客，制定方案	（1）文明、礼貌地接待顾客。（2分） （2）能根据顾客要求制定顾客满意的化妆方案（2分）	
2	拍摄当天准备工作	自身形象得体，工具清洁干净、摆放整齐，提醒事项到位（4分）	
3	肤色修饰	（1）粉底色彩选择与妆型要求符合。（3分） （2）粉底涂敷均匀、自然、透明。（4分） （3）粉底是否达到修正要求（3分）	
4	眼部的修饰	（1）眼影位置正确，起到修正效果。（3分） （2）色彩晕染柔和。（3分） （3）色彩搭配协调。（3分） （4）眼线描画柔和、干净。（3分） （5）假睫毛自然、真实（3分）	
5	眉毛的修饰	（1）眉型设计符合妆型要求。（5分） （2）描画立体、自然。（3分） （3）符合脸型（2分）	
6	唇部的修饰	（1）唇型清晰。（5分） （2）描画立体。（3分） （3）唇型饱满。（2分） （4）唇型设计有矫正作用。（5分） （5）色彩与妆型整体协调（2分）	
7	颊红的修饰	（1）位置正确，达到修饰脸型的效果。（2分） （2）过渡自然、透明。（2分） （3）色彩协调（1分）	
8	发型造型	（1）发型设计符合化妆造型主题要求。（3分） （2）发式造型有新意。（3分） （3）发型适于脸型。（3分） （4）发式饰物与发型协调。（3分） （5）轮廓饱满、外形整洁（3分）	
9	整体造型	（1）妆面上有创新。（5分） （2）整体符合设计要求。（5分） （3）发型妆面与服装协调、统一（5分）	
10	清理场地	场地清理干净（5分）	
	评分人		合计	

婚纱摄影
化妆造型

单元四

比赛妆化妆造型设计

[单元导读]

比赛妆化妆造型是为适应我国美容美发行业发展，为美发与形象设计专业培养有理想、有创新、肯吃苦的高技能人才而选择的具有针对性的化妆造型。

本单元以大赛专业模特不同比赛妆型为前提，为其进行比赛新娘妆、比赛晚宴妆化妆造型设计。通过两个学习任务，完成比赛化妆造型设计、操作流程及规范的学习，进一步提升学生动手能力的同时，培养学生的观察、分析及设计能力，创新精神和工匠精神。

[单元目标]

1. 知识目标

了解比赛相关规程与要求。

2. 能力目标

灵活运用比赛新娘妆、晚宴妆的设计元素及操作流程。依据比赛方案，规范地使用化妆用品及工具，以规范的操作姿态独立完成比赛化妆、造型工作，注意操作过程中随时与模特进行沟通。

3. 素养目标

熟练掌握比赛化妆流程，按照正确的操作步骤，完成比赛化妆造型；运用规范的语言接待顾客并进行有效沟通，具有良好的专业素养，以及精益求精、追求卓越的工匠精神。

[工作流程]

比赛规范→接待咨询→妆前准备工作→按比赛要求完成创型设计→送顾客，整理比赛单元

任务十 比赛新娘妆化妆造型设计

[任务描述]

　　参加美容美发与形象设计专业全国职业院校技能大赛（中职组美容美发技能比赛）新娘化妆项目的同学们，请根据模特的特征设计符合比赛要求的新娘妆（图10-1、图10-2）。

▲ 图10-1　　　　　　　　▲ 图10-2

[学习目标]

　1. 知识目标

了解比赛新娘妆造型与设计的工作流程。熟悉比赛新娘妆的设计要素。

　2. 能力目标

能按比赛方案完成比赛新娘妆化妆造型设计达到比赛新娘妆造型与设计的质量标准。

　3. 素养目标

培养学生创新意识及吃苦耐劳、精益求精、追求卓越的意志品质。

知识准备

一、比赛新娘妆的特点

　　比赛新娘妆适用于我国职业教育技能及行业技能比赛。比赛新娘妆主要强调化妆与整体造型的协调性，要根据模特的五官特点进行设计，与发型及服装造型相协调。比赛新娘妆在突出新娘妆面甜美气质特征的同时，凸显设计的个性化。比赛新娘妆化妆造型在实用的基础上应具有时代感，要求运用同色系色彩搭配的技法，在考察选手基本功的同时要求选手对模特的五官进行矫正。

二、比赛规则

1. 新娘化妆、盘发造型（化妆和发型由一名选手完成，使用真人模特，完成发型和化妆作品）。

2. 比赛时间为80分钟。

三、比赛新娘妆操作流程（表10-1）

表10-1　比赛新娘妆操作流程

序号	操作流程	
1	赛前准备工作	准备模特
		根据比赛妆面及造型要求、模特基础条件、比赛场地情况制定设计方案，绘制设计图
		准备服装
		准备化妆品及工具
		摆放化妆品及工具（摆放消毒用品、用具）
2	妆前准备	根据模特特征及比赛妆面要求修理眉型（比赛前1天）
		妆前护肤（比赛前1小时）
		围围布
		赛前做好吹风、卷筒等准备工作，模特入场时全部头发向后梳平梳顺
3	涂抹抑制色	
4	涂抹粉底	
5	定妆	
6	描画睫毛线	
7	晕染眼影	
8	夹睫毛	
9	粘贴假睫毛	
10	描画眉型	
11	梳理头发（根据比赛项目要求进行盘发造型）	
12	修饰唇部	勾画唇线
		涂抹唇膏
		涂抹唇彩
13	涂抹腮红	
14	妆面检查	
15	定妆	
16	整理发型，佩戴头饰	
17	去除围布，整理服装	

一、赛前准备

1. 模特准备

（1）模特气质符合新娘特质。

（2）模特五官比例标准，面部结构轮廓明显。

（3）模特面部不得有三文（文眼线、文眉、文唇）或明显的整形痕迹。

（4）模特头发长短、发量符合比赛新娘妆发型设计及创作要求。

2. 服装、饰品准备

（1）根据不同赛事要求正确选择婚纱类别。

（2）婚纱的颜色及款式需与模特气质及肩颈部以上的造型效果相配合。

（3）服装饰品需符合新娘气质，与发型、头饰相搭配。饰品作为点缀出现，不可压过妆面。

（4）鞋子尽量与婚纱同色系，作为辅助搭配，高跟鞋可以提升模特的外在气质。

3. 化妆品的准备

（1）根据模特的气质、肤质、肤色及设计要求，正确选择彩妆用品、用具。

（2）妆色选择还需考虑赛场的灯光条件（表10-2、表10-3）。

表10-2　普通灯泡下妆面色调的变化

妆色	照射后的效果
红色妆	含有黄色的红
黄色妆	含有红色的黄
橙色妆	橙色变得更加亮丽
绿色妆	暗浊的黄绿色
青色妆	灰暗青色
紫色妆	接近黑色的暗紫色

表10-3　各种色调灯光在彩色灯光下的变化

妆面	红光	黄光	绿光	蓝光	紫光
红色妆面	色彩更加艳丽	鲜红、微带橙色	黑褐色	暗紫蓝色	红紫色
黄色妆面	红色	色彩更加艳丽	明亮的黄绿色	绿黄色	带暗红色
绿色妆面	暗灰色	鲜绿色	色彩更加艳丽	淡橄榄绿色	暗绿褐色
橙色妆面	红橙色	橙色	淡褐色	淡褐色	棕色
蓝色妆面	暗蓝黑色	绿色	暗绿色	色彩更加艳丽	暗蓝色
紫色妆面	红棕色	黛褐色	黛褐色	黛褐色	色彩更加艳丽

（3）比赛前一天将比赛需要的化妆品及工具进行清点、整理，确保比赛当天的使用。

（4）根据比赛场地的要求摆放化妆品。化妆品根据个人习惯进行摆放，以比赛期间可正确及迅速使用为宜。

二、妆前准备

1．赛前一周，为使模特皮肤达到最好的上妆效果，根据模特皮肤的特点进行适当护理。

2．比赛前一天对模特眉型进行最后调整。

3．比赛前40分钟使用补水面膜对模特的皮肤进行补水护理，面膜去除后要及时清洁残留营养液，并适量涂抹爽肤水及面霜。

4．比赛前10分钟，将定妆护肤产品涂抹于模特面部，确保模特皮肤弹性。

5．赛前为模特裸露在婚纱外的皮肤涂抹底色，使整体的肤色协调统一。

> **注 释**
>
> 1．妆前护理不可过度，使用基础补水护肤品即可，最好选择模特常用护肤品牌，避免由于护肤品使用不当致使模特皮肤敏感。
>
> 2．妆前爽肤水和面霜涂抹量不可过多，否则会影响粉底涂抹效果。
>
> 3．妆前修眉时，尽量避免使用眉镊，眉镊使用不当容易造成皮肤红肿，影响化妆效果。

三、化妆造型

步骤一　梳理头发（根据比赛项目要求进行盘发造型）

1．根据发型设计要求，比赛开始后可先对头发进行基本梳理。

2．由于发型在比赛中也占到很大的比重，所以为头发进行基础梳理不但可以避免头发影响面部化妆，也可利用盘发工具对妆后盘发进行造型定型。

步骤二　肤色的修饰

（一）正确选择修颜产品调整肤色

根据模特的肤色、肤质（图10-3），正确选择修颜产品的质地及颜色（图10-4），

▲ 图10-3

▲ 图10-4

并进行涂抹，涂抹量不可过多，涂抹厚度要轻薄。

> **抑 制 色**
>
> 　　使用抑制色，主要是用来减弱面部的晦暗、蜡黄色或脸颊上不自然的红色，起协调肤色、增加皮肤红润及白嫩感的作用。肤色偏红的部位选用绿色抑制色，肤色偏暗或蜡黄可用淡紫色抑制色，苍白的皮肤可选用粉红色抑制色，缺乏光泽的皮肤可选用米色抑制色等。
>
> 　　使用方法：抑制色、遮瑕膏在涂底色前使用。

（二）工具的选择

粉底海绵（提前浸湿）、粉扑、掸粉刷、散粉刷、化妆棉、棉签、喷壶（放入纯净水），如图10-5所示。

（三）底色的选择

比赛新娘妆的肤色着重强调洁净、细腻的特点，遮瑕膏掩盖面部瑕疵的同时需要体现模特皮肤的质感，粉底涂抹不可过厚，除配合肤色外，在质地选择上最好将膏状与液状调和使用。

▲ 图10-5

> 　　喷壶中的纯净水用于调整粉底海绵的干湿程度，避免在赛场上粉底海绵过于干燥。

化妆造型设计

（四）底妆的操作步骤

1．多次少量蘸取适量粉底。

2．使用粉底海绵涂抹粉底时，采用大色块涂抹技法，由于比赛时间有限，所以在保证涂抹质量的同时需要加快涂抹的速度，确保作品的顺利完成。

3．涂擦耳部粉底及颈部粉底，使身体粉底与面部粉底自然衔接。

4．定妆

（1）使用散粉刷，蘸取少量定妆粉，均匀涂扑于面部。

（2）使用粉扑轻轻按压，使定妆粉与粉底相融合。

（五）注意事项

1．发际线处的粉底要与发际自然衔接，不可有明显痕迹，避免破坏梳理好的基础发型。

2．在涂抹面部粉底时，耳部也需涂抹适量粉底，使肤色达到统一、协调的效果。

 注 释

大色块涂抹技法

1. 将粉底大面积涂抹于额头、两面颊、下巴、鼻梁，迅速向左向右推开。

2. 使用印按法调整粉底的均匀及薄厚。

3. 使用点拍法重点涂抹容易脱妆的部位，避免由于评分时间过长造成脱妆，影响比赛成绩。

步骤三　眼部的修饰

（一）产品的选择

为提升眼部神采，突出妆面的透彻感，加强眼部结构，使其能够更加明显地表现出来（图10-6），可选用黑色或棕色眼线笔，根据发色、肤色、妆色、光色、妆效选择眼影及假睫毛（图10-7）。

（二）工具的选择

眼线刷、眼影刷、粉扑、化妆棉、棉签（图10-8）。

▲ 图10-6

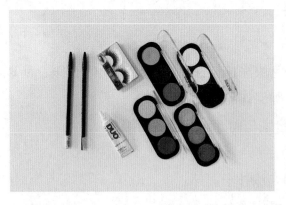
▲ 图10-7

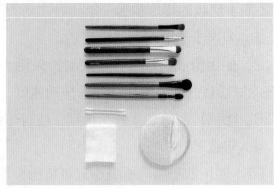
▲ 图10-8

（三）眼妆的操作步骤

1. 描画眼线

为增加化妆速度先使用眼线定位眼型。使用黑色眼线笔在睫毛根处描画睫毛线，比赛新娘妆的睫毛线根据眼型特征可适当加宽、拉长，睫毛线描画时要紧贴睫毛根部。

2. 涂抹眼影

可选用上下或者左右结构晕染法晕染眼影，眼影色要过渡自然，无明显断层。

3. 夹睫毛

为了使粘贴的假睫毛与真睫毛更加伏贴，需要使用睫毛夹对模特自身睫毛进行处理。

4. 粘贴假睫毛

根据模特的眼型，正确选择假睫毛，为使睫毛更加贴合模特的眼型，可对假睫毛进行二次加工，适当调整睫毛的弯曲度及浓密度。

5. 使用睫毛液在假睫毛根部强调上眼缘轮廓，为避免眼线的生硬感，眼线液描画不可超出眼线笔描画的轮廓。

6. 涂抹上睫毛膏

使用睫毛膏将真假睫毛粘贴在一起，睫毛膏涂抹量不可过大，避免破坏假睫毛的自然走向。

7. 涂抹下睫毛膏

由于下睫毛没有粘贴假睫毛，所以应采用纵向涂抹的技法调整下睫毛的浓密程度，浓密度与上睫毛相协调。

（四）注意事项

1. 睫毛线描画要自然流畅，紧贴睫毛根，无溢出。

2. 眼影晕染过渡自然，与眉骨肤色无明显衔接痕迹。

3. 假睫毛粘贴牢固，睫毛胶用量适中。

4. 睫毛膏涂抹自然、均匀，无溢出。

（一）产品的选择

根据发色及妆色，正确选择眉色，为突出眉毛的自然状态（图10-9），可选用眉粉进行眉毛的描画，并使用眉笔进行细节的处理（图10-10）。

▲ 图10-9

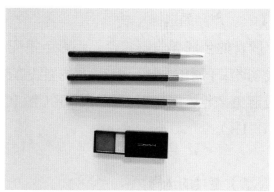

▲ 图10-10

（二）工具的选择

眉刷、眉梳、眉扫、粉扑、化妆棉、棉签（图10-11）。

（三）描画眉型

1. 根据模特脸型及妆面要求使用眉笔确定眉型。

2. 确定眉中色彩浓度。

3. 确定眉毛长度，用眉粉进行衔接。

4. 使用眉粉过渡眉头。

5. 使用眉笔用单根勾画的技法填补缺失的眉毛。

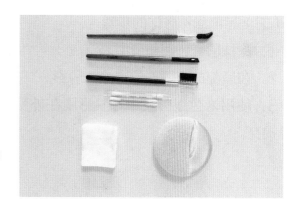

▲ 图10-11

（四）注意事项

比赛新娘妆的眉毛要自然柔和，即使需要对模特的脸型进行矫正也要考虑到整体的设计感。

注释

单根勾画眉毛的技法

使用眉笔（确保眉笔笔端的尖锐程度），以便更为真实自然地勾画毛发。使用眉笔按照眉毛的生长方向，在缺失眉毛的位置进行短距离勾画，这样填补的眉毛看上去更加自然、生动。

步骤五　唇部的修饰

（一）产品的选择

唇膏的色泽要与服装色、眼影色搭配和谐。唇线需略深于唇色，但不可有明显的唇线痕迹。唇色应避免浓艳，唇彩要强调光泽感（图10-12、图10-13）。

（二）工具的选择

唇刷、粉扑、眼影刷、化妆棉（图10-14）。

（三）唇部涂抹修饰的步骤

1. 涂抹唇膏，调整唇型。

2. 在唇部的上唇珠位置涂抹唇彩。

3. 使用米色眼影及中号眼影刷在外侧嘴角下缘提亮。

▲ 图10-12

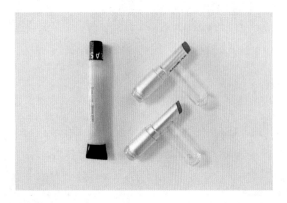

▲ 图10-13

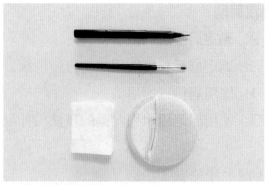

▲ 图10-14

（四）注意事项

1. 唇型要左右对称、饱满。

2. 上唇深于下唇，嘴角深于唇的中部。

3. 唇膏涂抹要自然、均匀。

步骤六　颊红的修饰

（一）产品的选择

比赛新娘妆的颊红需符合新娘妆特征，表现新娘的甜美、娇俏，注意色彩的协调及对模特面部轮廓的矫正（图10-15、图10-16）。

▲ 图10-15

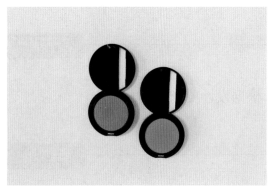

▲ 图10-16

（二）工具的选择

腮红刷、粉扑（图10-17）。

（三）晕染颊红

1. 确定腮红位置。

2. 涂抹腮红，腮红色过渡要自然、柔和。

3. 使用腮红刷上的余粉涂抹轮廓红、鼻头红。

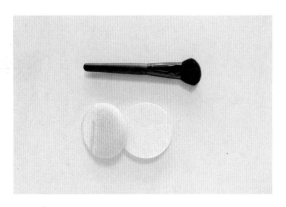

▲ 图10-17

（四）注意事项

1. 使用单色腮红晕染颊红，外轮廓颧弓下陷处用色最重，到内轮廓时逐渐减弱并消失。

2．蘸取及晕染颊红时，应用刷子的侧面。

3．颊红晕染要自然、柔和，颊红不要与肤色之间存在明显的边缘线。

鼻 头 红

　　鼻头红可将面部的颜色柔和地衔接在一起。涂抹鼻头红时，颜色要浅淡使肉眼不易察觉，只作为点缀、衔接使用。

步骤七　定　妆

使用定妆粉及粉扑对妆面进行二次定妆。

步骤八　整 理 发 型

根据设计要求整理发型。

步骤九　佩 戴 饰 品

　　为避免饰品影响化妆造型操作，一般情况下在完成作品后再为模特佩戴饰品（图10-18）。

▲ 图10-18

竞赛场地和环境

竞赛场地包括检录区、备场区、比赛区、抽签区、评分区、统计区、照相区及其他区域。

工作区域应设置在开放的环境下，赛场主通道符合紧急疏散要求。采光、照明、通风和控温良好，环境温度、湿度符合设备使用规定。工作区域环境供电功率满足参赛选手同时使用电吹风机等设备。

（1）备场区：在指定场地为选手及模特提供座位。

（2）比赛区：在指定比赛场地布置主席台、背景墙、音响、室内外宣传。每个赛位由赛项提供1张工作台（含镜子）、1把椅子、1个头模支架、1个接线板，场地配备一定数量礼仪服务人员、安全员。

（3）抽签区：为工作人员提供选手登记表、桌椅。

（4）评分统计区：提供评分用的桌椅、打分夹子、打分表和打分笔。

考核评价

比赛新娘妆化妆造型设计评分标准

1. 化妆评分标准

（1）主题突出，喜庆、甜美，展示新娘的纯美。整体造型协调，妆面、发型、服饰符合模特自身条件。

（2）模特不准文眼线、文眉、文唇；美目贴、假睫毛须在比赛过程中粘贴，粉底必须在比赛场完成。

（3）完成后的造型要整体、典雅、大方。

（4）妆面粉底厚薄均匀，粉底颜色自然柔和、质感细腻。

（5）妆面干净、对称、牢固，化妆技巧突出新娘化妆特点。

（6）色彩搭配合理，层次过渡衔接自然。

（7）五官轮廓清晰，比例均匀，妆面设计与造型意图吻合。

（8）妆面、色彩、发型、服饰搭配符合模特自身条件和新娘化妆要求，符合婚庆场合，突出新娘魅力，注重整体效果。

2．发型评分标准

（1）发色与发型、头饰与发型和谐搭配，体现作品的原创性。

（2）妆面、发型、服饰整体造型协调搭配，整体造型体现实用性与时尚性的结合。

（3）赛前头发全部向后梳理，散发上场。

（4）盘发造型可运用堆积、编结方式创意造型，体现高雅、端庄，具有实用性、流行性、艺术性。发体高度不得超过模特面部1/2。

（5）发型、妆型、服饰整体搭配协调统一。

3．比赛时间为80分钟。

任务十一　比赛晚宴妆化妆造型设计

[任务描述]

参加6月举行的美容美发与形象设计专业技能大赛晚宴化妆项目的同学们，请根据模特的特征设计符合比赛要求的晚宴妆（图11-1、图11-2）。

▲ 图11-1　　　　　　　　　　▲ 图11-2

[学习目标]

1. 知识目标

了解比赛晚宴妆造型与设计的工作流程。熟悉比赛晚宴妆的设计要素。

2. 能力目标

能按比赛方案完成比赛晚宴妆化妆造型设计，达到比赛晚宴妆造型与设计的质量标准。

3. 素养目标

培养学生创新意识及吃苦耐劳、精益求精、追求卓越的意志品质。

知识准备

一、比赛晚宴妆的特点

比赛晚宴妆适用于我国职业教育及行业比赛。展示性晚宴化妆多用于参赛或技术交流，具有很强的创造性。由于创作空间宽广，造型手段丰富、大胆，是化妆比赛的重点项目。展示性晚宴化妆充分体现造型师的综合素质，其要求造型师在规定时间内完成整体造型。一个展示性晚宴妆的完成有不同的阶段。一个完美的作品要有明确的主题。主题是作品表达的基本思想，其作品围绕主题进行创作。作为参赛的作品，必须在有主题的情况下进行创作构思，化妆风格、化妆用色、服装、饰物等都为主题服务。只有这样才能使作品在比赛中出类拔萃，与众不同，富有生命力。妆面、发型、服饰整体造型协调搭配，整体造型体现实用性与时尚性结合。

二、比赛规则

1. 晚宴化妆（化妆和发型由一名选手完成，使用真人模特，完成比赛场上化妆作品）。

2. 比赛时间为40分钟。

三、比赛晚宴妆操作流程

比赛晚宴妆操作流程见表11-1。

表11-1　比赛晚宴妆操作流程

序号		操作流程
1	赛前准备工作	准备模特
		根据比赛妆面及造型要求、模特基础条件、比赛场情况制定设计方案，绘制设计图
		准备服装
		准备化妆品及工具
		摆放化妆品及工具（摆放消毒用品、用具）
2	妆前准备	根据模特特征及比赛妆面要求修理眉型（赛前1天）
		妆前护肤（比赛前1小时）
3	围围布	
4	梳理发型（根据晚宴比赛项目要求进行盘发造型）	
5	涂抹抑制色	
6	涂抹粉底	
7	定妆	
8	描画睫毛线	
9	晕染眼影	
10	夹睫毛	
11	粘贴假睫毛	
12	描画眉型	

序号		操作流程
13	修饰唇部	勾画唇线
		涂抹唇膏
		涂抹唇彩
14	涂抹腮红	
15	妆面检查	
16	定妆	
17	整理发型，佩戴头饰	
18	去除围布，整理服装	

任务实施

一、赛前准备

1．模特准备

（1）模特气质符合比赛晚宴妆特质。

（2）模特五官比例标准，面部结构轮廓立体。

（3）模特面部不得有三文（文眼线、文眉、文唇）或明显的整形痕迹。

（4）模特头发长短、发量符合比赛晚宴妆发型设计及创作要求。

2．服装、饰品准备

（1）礼服的颜色及款式需与模特气质及肩颈部以上造型效果相配合。

（2）服装饰品需符合晚宴妆模特气质，与发型、头饰相搭配。饰品作为点缀出现，不可压过妆面。

（3）鞋子尽量与礼服同色系，作为辅助搭配，高跟鞋可以提升模特的外在气质。

3．化妆品的准备

（1）根据模特的气质、肤质、肤色及设计要求，正确选择彩妆用品、用具。

（2）妆色选择还需考虑赛场的灯光条件（参考任务十）。

（3）比赛前一天将比赛用化妆品及工具进行清点、整理，确保比赛当天使用的最佳状态。

（4）根据比赛场地的要求摆放化妆品。化妆品根据个人习惯进行摆放，以比赛期间可正确及迅速使用为宜。

二、妆前准备

1. 赛前一周，为使模特皮肤达到最好的上妆效果，根据模特皮肤的特点进行适当护理。

2. 比赛前一天对模特眉型进行最后调整。

3. 比赛前40分钟，使用补水面膜对模特的皮肤进行补水护理，面膜去除后要及时清洁残留营养液，并适量涂抹爽肤水及面霜。

4. 比赛前10分钟，将定妆护肤产品涂抹于模特面部，确保模特皮肤弹性，使妆效持久。

5. 赛前为模特裸露在礼服外的皮肤涂抹底色，从而使整体的肤色协调统一。

三、化妆造型

步骤一　梳理发型（根据比赛项目要求进行盘发造型）

1. 根据比赛要求，赛前在指定的岗位50分钟内由选手本人独立完成晚宴盘发造型。

2. 由于发型在比赛晚宴妆中不是比赛项目，不单独计分，但评分时算在整体效果里，所以要求选手有扎实的盘发基本功和过硬的盘发技术。

步骤二　肤色的修饰

（一）正确选择修颜产品调整肤色

根据模特的肤色、肤质，正确选择修颜产品的质地及颜色（图11-3、图11-4）。

▲ 图11-3

▲ 图11-4

比赛晚宴妆对肤质要求更高，为更好地遮盖瑕疵、调整肤色，抑制色的选择和使用是十分重要的。

（二）工具的选择

粉底海绵（提前浸湿）、粉扑、掸粉刷、化妆棉、棉签、喷壶（放入纯净水）（图11-5）。

（三）底色的选择

肤色的修饰要选择遮盖力强的粉底，强调面部结构的立体感。参赛选手要控制好涂底色的时间。定妆十分关键，选手要根据场内的温度和模特的皮肤状态随时进行补妆。

▲ 图11-5

（四）底色修饰的操作方法

1. 蘸取适量粉底。

2. 使用粉底海绵涂抹粉底

多次少量蘸取粉底涂抹，由于比赛时间有限，所以在保证涂抹质量的同时需要加快涂抹的速度，确保作品的顺利完成。

3. 涂抹面部粉底。

4. 涂擦耳部粉底及颈部粉底，使身体粉底与面部粉底自然衔接。

5. 定妆

使用粉扑蘸取少量定妆粉，手持粉扑底部垂直于面部进行拍打，使定妆粉快速均匀地平铺于面部。用粉扑按压，使定妆粉与粉底相融合。

（五）注意事项

1. 发际线处的粉底要与发际自然衔接，不可有明显痕迹，避免破坏梳理好的基础发型。

2. 在涂抹面部粉底时，耳部也需涂抹适量粉底，使肤色达到统一、协调的效果。

（一）产品的选择

为提升眼部神采，突出妆面的透彻感，突出眼部结构体现晚宴妆眼妆的特性，并使作品能够更加明显地表现出来，需选用黑色眼线笔，根据发色、肤色、妆色、光色选择眼影色及假睫毛（图11-6、图11-7）。

▲ 图11-6

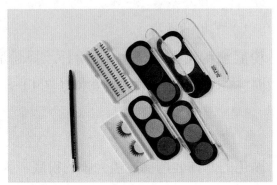

▲ 图11-7

（二）工具的选择

眼线刷、眼影刷、粉扑、化妆棉、棉签（图11-8）。

（三）眼妆的操作步骤

眼睛的修饰要明显。眼睛的修饰要漂亮得体，眼影重点增强眼部的凹凸结构效果。结构晕染法是一种突出眼部立体结构的晕染方式。结构晕染法修饰性强，常用于舞台表演、化妆比赛及需要特别强调眼部风采的化妆。

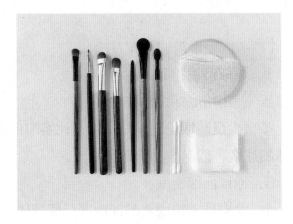

▲ 图11-8

1. 具体晕染方法是在上眼睑沟处根据眼睛结构画出一条弧线，强调眼睑沟的位置。

2. 从外眼角处沿这条弧线向眼部中央晕染，颜色逐渐变浅。

3. 在弧线的下方和眶上缘提亮。

在眼部化妆中，各种晕染方法不是独立存在的，它们的侧重点不同，但又相互融合，无论采用什么晕染方法，都要符合眼部结构特征。

1. 睫毛线描画须紧贴睫毛根、无溢出。

2. 眼影晕染过渡自然，与眉骨肤色无明显衔接痕迹。

3. 假睫毛粘贴牢固，睫毛胶量适中。

4. 睫毛膏涂抹自然、均匀，无溢出。

步骤四　眉毛的描画

（一）产品的选择

根据发色及妆色正确选择眉色，为突出眉毛的立体结构，使用眉笔进行眉毛的描画（图11-9、图11-10）。

▲ 图11-9

▲ 图11-10

（二）工具的选择

眉刷、眉梳、眉扫、粉扑、化妆棉、棉签（图11-11）。

（三）描画眉型

根据模特脸型及妆面要求使用眉笔确定眉型。

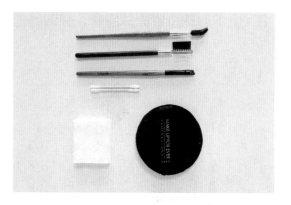

▲ 图11-11

（四）注意事项

眉毛的处理根据模特情况可强调可忽略，而比赛中眼影的晕染是刻画的重点，眉毛必须起辅助作用。因此，眉型要求符合脸型，体现眉毛的虚实质感以及立体效果。

上 调 眉 型

从眉头开始，按眉毛生长方向，由下向斜上方描画，下笔要轻；然后从底边斜着往上，顺着眉腰往眉峰画，在眉峰处画一个圆润的弧度；从眉峰开始往斜下方画，一直画到眉梢处逐渐减淡直至消失。眉毛画好之后，用眉刷将画好的眉毛，按着画的方向整齐地轻刷一遍，使眉毛整齐、圆滑、服帖、自然。

步骤五 唇部的修饰

（一）产品的选择

唇膏的色泽要与服装色、眼影色搭配和谐。唇线需略深于唇色，利用唇线笔适当修饰唇型，但不可有明显的唇线痕迹。唇色应避免浓艳，唇彩要强调光泽感（图11-12、图11-13）。

（二）工具的选择

唇刷、粉扑、眼影刷、化妆棉（图11-14）。

（三）唇部涂抹修饰步骤

1．勾画唇线。

2．调整唇型。

3．上下唇珠位置涂抹唇彩，强调唇部立体感。

▲ 图11-12

▲ 图11-13

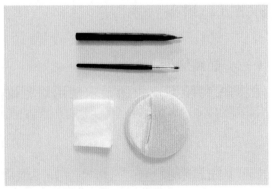

▲ 图11-14

（四）注意事项

1．唇型要左右对称、饱满。

2．上唇深于下唇；嘴角深于唇的中部。

3．唇膏涂抹要自然、均匀。

步骤六　颊红的修饰

（一）产品的选择

比赛晚宴妆的颊红需强调模特面部的结构，为突出模特面部结构，可选择同系深浅双色腮红，对面部轮廓进行修饰（图11-15、图11-16）。

（二）工具的选择

腮红刷、粉扑（图11-17）。

（三）晕染颊红

1．使用浅色腮红确定腮红位置。

2．使用深色腮红强调面部结构。

3．涂抹轮廓红。

▲ 图11-15

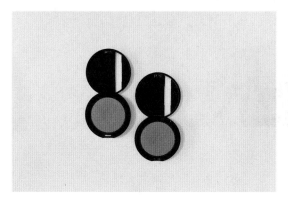

▲ 图11-16

▲ 图11-17

（四）注意事项

1．颊红的晕染要体现面部的结构及立体效果。

2．蘸取及晕染颊红时，应用刷子的侧面。

3．颊红不要与肤色之间存在明显的边缘线。

注释

1. 颊红的取位

可以选择带冷色调的玫红色、粉红色或珊瑚红。在颧弓下陷部位用阴影或修容饼表现面颊的立体效果。

2. 补妆的方法

先用吸油纸去除额头、鼻翼等出油的部位多余油质、汗液，再用定妆粉进行按拍。

步骤七　定　妆

使用定妆粉及粉扑对妆面进行二次定妆。

步骤八　整理发型，佩戴饰品

调整发型，喷发胶定型；把准备好的发饰佩戴在相应的位置上；最后调整服装（图11-18）。

▲ 图11-18

知识链接

参赛选手须知

1. 选手持本人身份证、学生证与参赛证，携模特一起参加比赛。

2. 参赛选手必须按竞赛时间，提前30分钟持参赛证检录进入赛场，并按抽到的参赛号参加竞赛。迟到15分钟者不得参加竞赛。

3. 选手必须服从工作人员指挥，统一进场和退场；必须遵守赛场纪律，不得将通信工具、摄像器材带进赛场。

4. 参赛选手应严格遵守赛场纪律，服从指挥，仪表端正，讲礼貌守纪律。各队之间应团结、友好、协作、互帮互学，避免各种矛盾冲突。

5. 选手所需用品、用具自备；电动工具的功率必须是（国标）220 V。

6. 选手在比赛中不得走动和交谈，如遇问题需举手向现场监考人员提出；选手之间自行交谈按作弊处理。

7. 比赛结束前10分钟主持人员会有提示。如提前完成作品，应举手示意，但不可提前离开赛场。

8. 在竞赛规定时间结束时应立即停止操作，不得以任何理由拖延竞赛时间。

考核评价

比赛晚宴妆化妆造型设计评分标准（化妆技术70%，整体效果30%）

（1）设计意图明确，构思新颖，突出主题，具有个性特征。

（2）妆面粉底厚薄均匀，粉底颜色自然、柔和，质感细腻。

（3）妆面干净、对称、牢固，化妆技巧突出晚宴化妆特点。

（4）色彩搭配合理，层次过渡衔接自然。

（5）五官轮廓清晰，比例均匀，妆面设计与造型意图吻合。

（6）妆面、色彩、发型、服饰搭配符合模特自身条件和晚宴化妆要求，注重整体效果。

（7）整体效果必须体现实用性和生活气息。

郑重声明

高等教育出版社依法对本书享有专有出版权。任何未经许可的复制、销售行为均违反《中华人民共和国著作权法》，其行为人将承担相应的民事责任和行政责任；构成犯罪的，将被依法追究刑事责任。为了维护市场秩序，保护读者的合法权益，避免读者误用盗版书造成不良后果，我社将配合行政执法部门和司法机关对违法犯罪的单位和个人进行严厉打击。社会各界人士如发现上述侵权行为，希望及时举报，我社将奖励举报有功人员。

反盗版举报电话　（010）58581999　58582371
反盗版举报邮箱　dd@hep.com.cn
通信地址　北京市西城区德外大街4号　高等教育出版社法律事务部
邮政编码　100120

读者意见反馈

为收集对教材的意见建议，进一步完善教材编写并做好服务工作，读者可将对本教材的意见建议通过如下渠道反馈至我社。

咨询电话　400-810-0598
反馈邮箱　zz_dzyj@pub.hep.cn
通信地址　北京市朝阳区惠新东街4号富盛大厦1座
　　　　　高等教育出版社总编辑办公室
邮政编码　100029

防伪查询说明

用户购书后刮开封底防伪涂层，使用手机微信等软件扫描二维码，会跳转至防伪查询网页，获得所购图书详细信息。

防伪客服电话
（010）58582300

学习卡账号使用说明

一、注册/登录

访问http://abook.hep.com.cn/sve，点击"注册"，在注册页面输入用户名、密码及常用的邮箱进行注册。已注册的用户直接输入用户名和密码登录即可进入"我的课程"页面。

二、课程绑定

点击"我的课程"页面右上方"绑定课程"，在"明码"框中正确输入教材封底防伪标签上的20位数字，点击"确定"完成课程绑定。

三、访问课程

在"正在学习"列表中选择已绑定的课程，点击"进入课程"即可浏览或下载与本书配套的课程资源。刚绑定的课程请在"申请学习"列表中选择相应课程并点击"进入课程"。

如有账号问题，请发邮件至：4a_admin_zz@pub.hep.cn。